Mohamad El-Tayeb

Amélioration du cycle de production par Six Sigma à la mine Draa Sfar

Ahmad El Yaakoubi
Mohamad Et-tayeb

Amélioration du cycle de production par Six Sigma à la mine Draa Sfar

Amélioration du cycle de production en appliquant la démarche SIX SIGMA à la mine de Draa Sfar Nord située à Marrakech

Éditions universitaires européennes

Impressum / Mentions légales

Bibliografische Information der Deutschen Nationalbibliothek: Die Deutsche Nationalbibliothek verzeichnet diese Publikation in der Deutschen Nationalbibliografie; detaillierte bibliografische Daten sind im Internet über http://dnb.d-nb.de abrufbar.

Alle in diesem Buch genannten Marken und Produktnamen unterliegen warenzeichen-, marken- oder patentrechtlichem Schutz bzw. sind Warenzeichen oder eingetragene Warenzeichen der jeweiligen Inhaber. Die Wiedergabe von Marken, Produktnamen, Gebrauchsnamen, Handelsnamen, Warenbezeichnungen u.s.w. in diesem Werk berechtigt auch ohne besondere Kennzeichnung nicht zu der Annahme, dass solche Namen im Sinne der Warenzeichen- und Markenschutzgesetzgebung als frei zu betrachten wären und daher von jedermann benutzt werden dürften.

Information bibliographique publiée par la Deutsche Nationalbibliothek: La Deutsche Nationalbibliothek inscrit cette publication à la Deutsche Nationalbibliografie; des données bibliographiques détaillées sont disponibles sur internet à l'adresse http://dnb.d-nb.de.

Toutes marques et noms de produits mentionnés dans ce livre demeurent sous la protection des marques, des marques déposées et des brevets, et sont des marques ou des marques déposées de leurs détenteurs respectifs. L'utilisation des marques, noms de produits, noms communs, noms commerciaux, descriptions de produits, etc, même sans qu'ils soient mentionnés de façon particulière dans ce livre ne signifie en aucune façon que ces noms peuvent être utilisés sans restriction à l'égard de la législation pour la protection des marques et des marques déposées et pourraient donc être utilisés par quiconque.

Coverbild / Photo de couverture: www.ingimage.com

Verlag / Editeur:
Éditions universitaires européennes
ist ein Imprint der / est une marque déposée de
OmniScriptum GmbH & Co. KG
Heinrich-Böcking-Str. 6-8, 66121 Saarbrücken, Deutschland / Allemagne
Email: info@editions-ue.com

Herstellung: siehe letzte Seite /
Impression: voir la dernière page
ISBN: 978-3-8417-4509-5

Dédicace

Je dédie ce projet de fin d'études

À

Ma très chère mère et mon très cher père

En témoignage de ma reconnaissance envers le soutien, les

sacrifies et tous les efforts qu'ils ont fait pour mon

éducation ainsi que ma formation

À

Mon grand frère, et mes chères sœurs

Pour leur affection, compréhension et patience

A mes amis

A mes professeurs

Et à tous ceux qui m'aiment

Ahmad EL YAAKOUBI

$\mathcal{D}$édicace

Je dédie ce projet de fin d'études

À

Ma très chère mère et mon très cher père

En témoignage de ma reconnaissance envers le soutien, les

sacrifies et tous les efforts qu'ils ont fait pour mon

éducation ainsi que ma formation

À

Mes chers frères, et mes chères sœurs

Pour leur affection, compréhension et patience

À toute la famille

À mes amis

À mes professeurs

Et à tous ceux qui m'aiment

Mohammad ET-TAYEB

REMERCIEMENT

Au terme de ce travail, il nous est particulièrement agréable d'exprimer nos sincères remerciements, à M. Shafiq HAMAMI directeur DRAA SFAR pour avoir assuré tous les moyens nécessaires pour accomplir ce travail.

Ainsi nous tenons à remercier très vivement, M.A. MAATOUG directeur de notre projet et M J.D. KISSAI notre encadrant pour leur serviabilité, leur suivi et pour leurs conseils et leurs suggestions les plus précieux pendant l'élaboration de notre projet.

Il nous est agréable d'exprimer nos vifs remerciements à M. Adil SEBBAR responsable de la cellule ingénierie et planification, et parrain de notre projet, pour ses conseils et pour la confiance qu'il nous a accordé et l'intérêt particulier qu'il a porté à ce travail, malgré les nombreuses préoccupations professionnelles et les responsabilités qu'il assume.

Nous profitons également de cette occasion pour remercier M.Faiçal AIT LAHBIB responsable planification, pour son soutien et son appui, M. Mohamed BAJADDI chef de projet DRAA SFAR NORD et à l'ensemble du personnel de DRAA SFAR.

*Par la même occasion, nous adressons nos sincères remerciements au corps professoral du département Mines et minéralurgie de L'ENIM.
En fin, nous remercions tous ceux qui ont participé, de près ou de loin, à la réussite de ce travail.*

Résumé

L'exploitation au sein de la mine Draa Sfar Nord s'effectue actuellement par la méthode tranche montantes remblayée. Cette dernière est composée de nombreuses opérations à savoir l'abattage, le déblayage, le remblayage, l'extraction et le soutènement. Pour bien comprendre le déroulement de ces opérations pour pouvoir les améliorer, nous avons basé pendant notre projet sur la méthode Six Sigma pour savoir les causes racines perturbant le cycle de production. Cette méthode suit la méthodologie suivante : Définir→Mesurer→Analyser→Améliorer→Contrôler. Pour cela, nous avons utilisé plusieurs outils à savoir :

- Chronométrage numérique : Un suivi rigoureux des différentes taches constituant le cycle de production
- Brainstorming : Participation de l'équipe production de Draa Sfar Nord pour la détection des causes da la variabilité.
- QQOQCP : Qui, Quoi, où, Quand, Comment et Pourquoi
- ISHIKAWA: Classer par famille les causes d'un effet observé selon les 5M
- PARETO : Déterminer l'importance relative de critères par ordre décroissant d'importance.

Ceci a permis de déceler les majeurs problèmes qui influencent les rendements et la productivité du cycle de production. Pour remédier aux problèmes affectant la méthode d'exploitation, Nous avons proposé les solutions suivantes :

➤ Equipements :

    ✓ prévoir des marteaux en Stand-by au cas où le marteau tombe en panne.
    ✓ programmer un plan de maintenance préventif.
    ✓ mise en place d'un atelier mécanique.

➤ Air Comprimé

    ✓ Accélérer le déploiement de l'air comprimé selon l'étude établie par la CIP (compresseur en commande)

➤ Exhaure

    ✓ Améliorer l'autonomie de la recoupe 18 KW.
    ✓ Creusement d'une albraque au niveau 75.

➤ Aérage

    ✓ Creuser trois cheminées d'aérage.
    ✓ Installer un ventilateur aspirant
➤ Schéma de tir
    ✓ Améliorer le schéma de tir existant.

En dernière étape, nous avons mis en place une application VBA qui contrôle le processus d'exploitation, qui permet de planifier la production et de calculer la productivité de Draa Sfar Nord.

Abstract

The operating within the Draa Sfar North mine is currently done by the rising edge method backfilled. The latter is composed of many operations ie felling, clearing, filling, extraction and support. To understand the course of these operations in order to improve, we have for our project based on the Six Sigma method to determine the root causes disrupting the production cycle. This method follows the following methodology: Define→ Measure→ Analyze→ Improve→ Control. For this, we used several tools including:

- Digital Timing: A rigorous monitoring of different spots up the production cycle
- Brainstorming: Participation of the production team of Draa Sfar North for the detection of causes da variability
- QQOQCP: Who, What, Where, When, How and Why
- ISHIKAWA: Sort by family causes an effect observed in the 5M
- Pareto: To determine the relative importance of criteria in descending order of importance

This helped to identify major problems that affect the yield and productivity of the production cycle. To address problems affecting the mining method, we proposed the following solutions

➢ Facilities:
  ✓ provide hammers stand-by in case the hammer falls down.
  ✓ schedule a preventive maintenance plan.
  ✓ establishment of a mechanical workshop.
➢ Compressed Air
  ✓ Rollout compressed air according to the study by the CIP (compressor control)
➢ Dewatering
  ✓ Improve autonomy intersects 18 KW.
  ✓ Digging a albraque at 75.
➢ Ventilation
  ✓ Dig three ventilating fireplace.
  ✓ Install an exhaust fan
➢ Diagram shooting
  ✓ Improve the existing scheme shooting.

In the final step, we set up a VBA application that controls the operating process, which allows the production plan and calculate the productivity of Draa Sfar Nort

Table des matières

Listes des figures

Liste des tableaux

Introduction générale

Dans un contexte international marqué par une concurrence rude entre acteurs économiques, une montée des revendications des droits de l'homme et une exigence sans cesse grandissante dans la protection de l'environnement, il convient à toute entreprise d'adopter des démarches qui lui permettront de rester concurrentielle. Le secteur minier ne fait pas exception, et l'amélioration du cycle de production est un moyen permettant d'éviter les pertes inutiles.

Le site de Draa Sfar Nord connait des problèmes à titre d'exemple : les pannes des engins, l'infiltration des eaux souterraines et le besoin en air comprimé. Ceci élève la fréquence des arrêts lors de la production. Par conséquent, un impact négatif sur la productivité de la mine, surtout que les opérations de cycle TMR sont dépendantes l'une de l'autre.

Au cours de cette étude, nous avons soumis ces différents problèmes à une analyse critique qui couvrira l'ensemble des activités qui entrent en jeu dans le cycle d'exploitation. Cette analyse est basée sur la méthode Six Sigma qui présente un ensemble d'outils et techniques de définition, de mesure et d'analyse des processus de production. Puis ils seront traités en vue d'une amélioration des rendements des différentes opérations.

Pour ce faire, nous avons adopté la méthodologie suivante :

- ➢ Le premier chapitre est consacré à une brève présentation de l'organisme d'accueil.
- ➢ Le deuxième chapitre donne à la fois une description géologique et géo mécanique de DRAA SFAR NORD tirées à partir des études antérieures. Il présente en plus la méthode d'exploitation et la chaine de production.
- ➢ Le troisième chapitre présente la démarche suivie pour l'étude de l'amélioration du cycle de production de la mine DRAA SFAR Nord.
- ➢ Le quatrième chapitre jusqu'au huitième chapitre présentent les différentes étapes de la démarche Six Sigma à savoir :

Etape **Définir** : Description de la problématique
Etape **Mesurer** : Quantification de l'état des lieux
Etape **Analyser** : Etude du processus : identification des problèmes majeurs et des éléments perturbants le cycle de production.
Etape **Améliorer** : Proposition des améliorations et des innovations selon les problèmes traités
Etape **Contrôler** : Déploiement des outils de contrôle : La mise en place d'une application de calcul de la productivité, la capabilité et la performance.

I-Présentation de l'organisme d'accueil

I-1 Introduction

Le Groupe Managem a été créé en 1928 et opère actuellement sur trois secteurs d'activités : recherche, exploitation et valorisation. Le Groupe Managem a développé un réel savoir faire en terme de maîtrise des opérations d'exploration minière, de valorisation des minerais, d'exploration, d'innovation et de démarche de développement durable. Il est en phase d'exporter aujourd'hui ce savoir faire dans d'autres pays africains. Disposant d'un capital humain qualifié, Managem s'atèle à améliorer la qualité de sa production, la sécurité de ses processus d'exploitation et sa rentabilité. Le métier historique de Managem consiste à prospecter, à extraire, à valoriser et à commercialiser différents minerais à savoir, les métaux de base (cuivre, zinc, plomb), les métaux précieux (or et argent), les métaux spéciaux (cathode de cobalt, nickel, etc.) issus de l'activité hydro-métallurgique et enfin des substances utiles (fluorine).

I-2 Organigramme de Managem

Managem détient des filiales tant au niveau national qu'international. La structure du Groupe se présente comme suit :

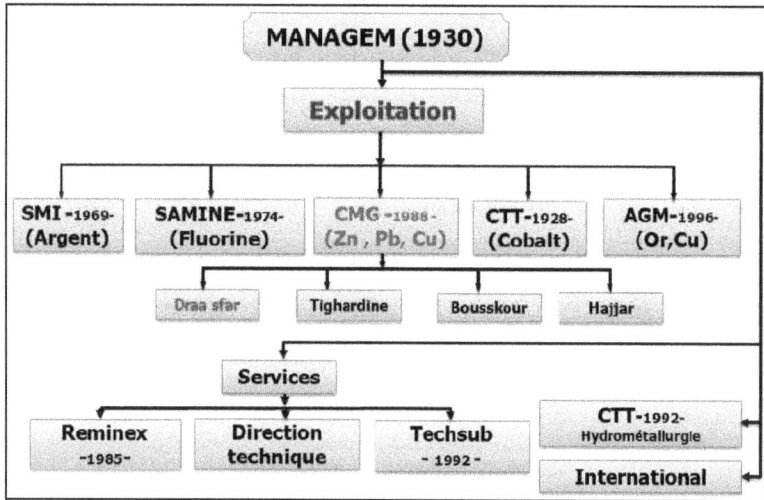

Figure 1 Organigramme de MANAGEM

I-3 Présentation des filiales

Dans le domaine de la mine, MANAGEM exploite plusieurs gisements au Maroc. Elle produit des concentres aussi varies que le cobalt, le zinc, le plomb, le cuivre et la fluorine (CMG, CTT et SAMINE), et des métaux précieux a savoir l'or et l'argent(AGM,SMI). Le développement minier de MANAGEM se poursuit a travers plusieurs projets au Maroc et a l'international notamment en Afrique.

Acteur à dimension régionale, Managem ne compte pas moins de 7 filiales en Afrique. Son expérience et son savoir-faire lui ont permis d'envisager un plan de développement à l'international. La stratégie de Managem sur la scène internationale s'opère suivant un axe stratégique principal : acquisition et opération de projets avancés et/ou de propriété en vue de compléter leur développement et les amener au stade de production.

Managem dispose de trois entités en charge des fonctions supports de son activité minière à savoir,

- **REMINEX** : Créée en 1983, REMINEX est la filiale Recherche, Valorisation et Ingénierie de Managem. Avec ses collaborateurs, chercheurs, géologues, ingénieurs et techniciens, l'entité est devenue le fer de lance de la modernisation des activités du Groupe.
- **SAGAX** : Créée en 1995, SAGAX Maghreb S.A est une société de services en géophysique appliquée et en arpentage par GPS. Elle possède l'expertise et les ressources nécessaires à la réalisation d'une large gamme de méthodes géophysiques telles que, la polarisation provoquée, la gravimétrie, la spectrométrie et la magnétométrie.
- **TECHSUB** : Constituée en 1992, TECHSUB centre ses activités sur les sondages et les travaux miniers. Elle dispose de moyens pour réaliser :
  - les sondages nécessaires à la reconnaissance géologique et géotechnique des terrains ;
  - les travaux miniers accompagnant Managem dans la préparation de l'infrastructure
    nécessaire à l'exploitation de ses réserves minières à savoir, les sondages et

soutènements,
    les travaux souterrains et les travaux de terrassement et d'exploitation à ciel ouvert.
  A noter que ces filiales ont largement contribué au développement de Managem pendant les dix dernières années.

II- Description de la mine Draa Sfar

II-1 Situation géographique

La formation volcano sédimentaires de Draa Sfar, constitue la terminaison sud du chaînon hercynien de Jbilets. Il est situé à 16 Km au Nord-Ouest de la ville de Marrakech (Fig.1) .L'accès au gisement de Draa Sfar est assuré par la route reliant Marrakech-Souihla, par une piste goudronnée d'environ 5Km partant du point kilométrique 10. Géographiquement, il est subdivisé en deux sous-domaines, Draa Sfar nord (Sidi M'barek) et Draa Sfar sud (Koudiat Tazakourt), localisés respectivement sur les rives Nord et Sud de l'Oued Tensift. Ce district comprend plusieurs lentilles sulfurées formant un alignement méridien subvertical. Il est recoupé par oued Tensift.

Le gisement de Sidi M'Barek, dans la rive nord de oued Tensift, est caractérisé par un chapeau de fer bien développé; alors que le corps minéralisé de Draa Sfar sud (Koudiat Tazakourt) présente un chapeau de fer moins développé.

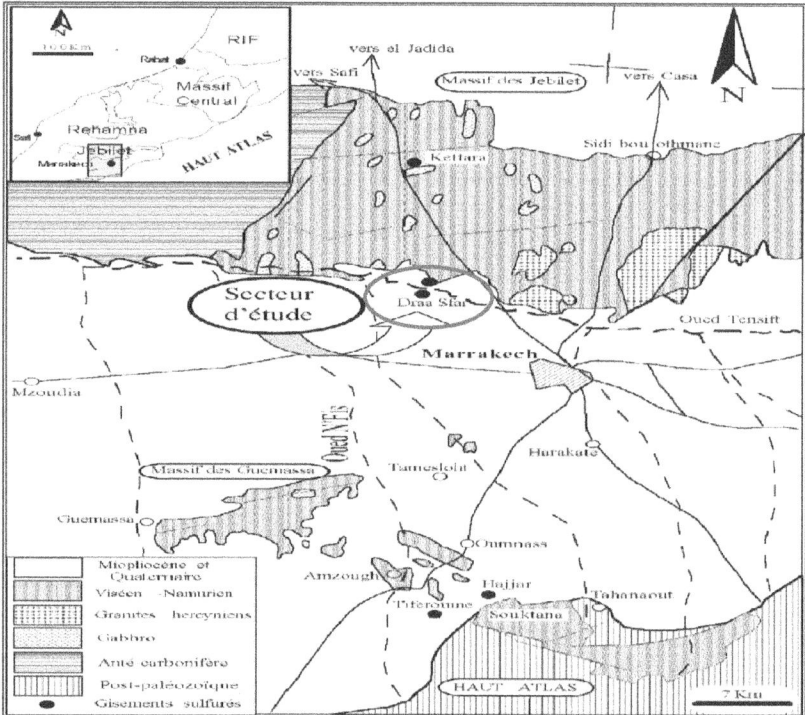

Figure 2 Carte de localisation géographique de draa sfar dans la partie sud- occidentale de la Meseta marocaine.

Contexte géologique

Géologiquement, Draa sfar fait partie de l'un des principaux axes minéralisés des Jbilets (Fig. 2) .De l'Ouest à l'Est, on cite:

- Alignement occidental, avec des indices de Trefani (au nord), Bouhane au centre et Laachach au centre et Koudiat Aïcha au sud ;

- Alignement médian, avec les gisements de Kettara, Benslimane et Kerkoz. Il est subparallèle à l'axe formé par l'intrusion de Kettara ;

- Alignement oriental, comportant au sud le gisement de Draa sfar et Nzalt El Harmel au nord, se poursuit jusqu'au Nord dans la région de Jbel El Garn. Cet alignement est localisé entre les intrusions de Tazakourt et de Draa El Harrach au sud, de Kettara et Sarhlef au Nord en passant entre celle d'El Harcha et Arhil au centre. Un autre petit alignement est localisé entre les intrusions de Kettara et Arhil.

Ces minéralisations sous forme d'amas sulfurés ont subi les effets de la déformation hercynienne majeure synschisteuse. Ils sont généralement sub-verticaux et subparallèles aux schistes qui les encaissent . Les études métallogéniques montrent que tous ces amas se caractérisent par une paragenèse à dominance de pyrrhotite.

Le gisement Draa sfar est encaissé dans une série volcano- sédimentaire commençant par des laves rhyodacitiques, des séries volcano sédimentaires constituées des pélites gréseuses et des tufs, surmontées par une couche de sulfures massifs à métaux de base. La série est clôturée par des pélites noires à matrice carbonatée.

En surface, les indices de la minéralisation sont marqués par un petit chapeau de fer à Koudiat Tazakourt (Draa sfar sud), et un autre dans l'affleurement de Sidi M'barek (Draa sfar nord) qui a fait l'intérêt des premiers prospecteurs dans la région pour la recherche des gisements sulfurés.

La longueur actuelle de la structure minéralisée dépasse 1,5 km sur une hauteur de 1,2 km. La puissance de la structure à sulfures varie de 40m à quelques cm et le pendage est de -13% à +13%.

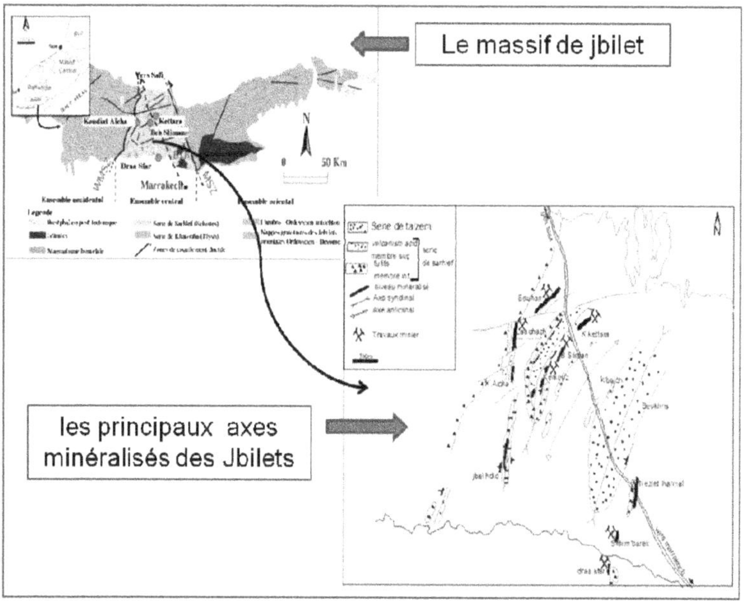

Figure 3 Localisation des principaux gisements sulfurés de Jbilets centrales

II-2 Données litho stratigraphiques

La litho stratigraphie est une approche stratigraphique consistant en l'étude des empilements sédimentaires, d'un point de vue géométrique et pétrographique. Elle définit des unités litho stratigraphiques d'après la reconnaissance de faciès et de discontinuités, en accord avec la loi de Walther (la succession verticale des faciès reflète une migration latérale des paléo environnements). Cependant, les unités ainsi caractérisées sont rarement synchrones avec le découpage bio stratigraphique donc avec les ligne-temps des étages. De ce fait, la litho stratigraphie est essentiellement un outil de corrélation régionale, qui s'avère très utile pour préciser les évolutions dynamiques des paléo environnements.

Le secteur de Draa Sfar est subdivisé en deux sous-domaines, Draa Sfar nord (Sidi M'barek) et Draa Sfar sud (Koudiat Tazakourt), localisés respectivement sur les rives nord et sud de l'Oued Tensift. Sur la rive nord, le gisement de Draa Sfar nord est caractérisé par un chapeau de fer bien développé sur des faciès sédimentaires souvent masqués par des alluvions plio-quaternaires (Fig. 3)
.

Sur la rive sud, affleure le corps principal minéralisé de Draa Sfar, ainsi que l'essentiel des corps volcaniques acides et les pyroclastites associées.

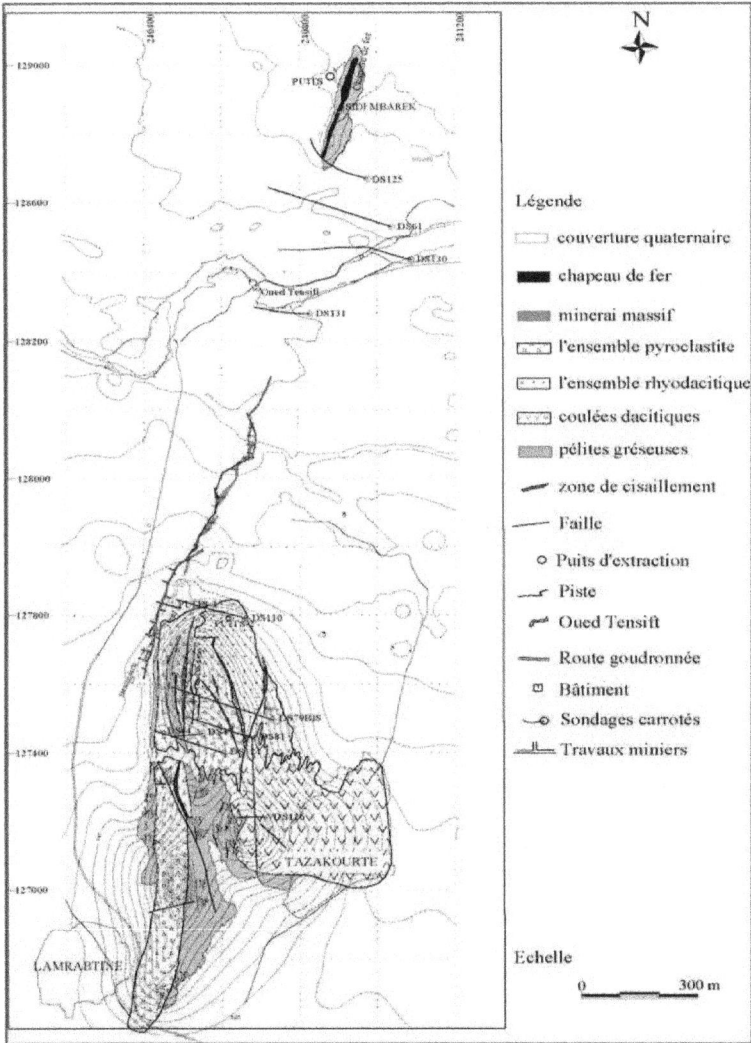

Figure 4 Carte géologique simplifiée du domaine du Draa Sfar.

II-3 Litho stratigraphie de draa sfar nord (sidi m'barek)

Draa Sfar Nord affleure au Nord de l'oued Tensift sous forme d'un petit pointement allongé N-S et de dimension relativement modeste (20 à 70 m de large et plus de 350 m de long) .Ce pointement qui émerge au sein des formations alluvionnaires est constitué de formations dominées par des métapélites carbonatées intensément altérées en séricito-schiste, intercalées par des sills doléritique. Ces derniers sont traversés par quelques sondages avec une puissance qui ne dépasse pas les 5 m. L'ensemble de la formation est attribuée à la série de Sarhlef, d'âge Viséen supérieur Namurien et constituent la continuité latérale de Draa Sfar Sud.

A l'affleurement, le massif apparaît localement découpé par des failles tardives N110 à jeu inverse qui recoupent des cisaillements N-S à jeu senestre.

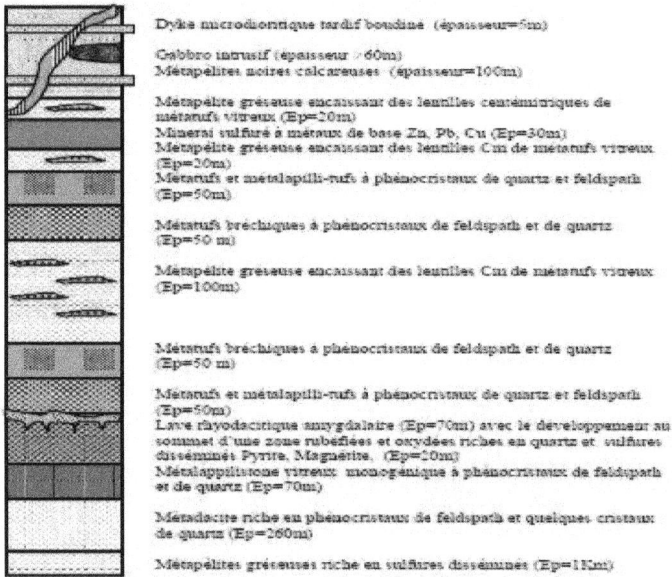

Figure 5:Log schematique de la série lithologique de Draa Sfar Nord

La structure minéralisée au niveau de sidi m'barek est très marquée par rapport à celle du draa sfar sud, elle est caractérisée par la présence de plusieurs lentilles discontinues et espacées d'une puissance qui varie de quelques cm à dizaines de mètres. La minéralisation à sidi m'barek est caractérisée par sa richesse en chalcopyrite.

Pour conclure, les coupes réalisées à partir des données des sondages carottés et de carte de surface au niveau de Draa Sfar Nord ont permis de distinguer deux unités lithologiques(voir coupe et log synthétique (Fig.5)).

L'unité basale constitue la continuité latérale de l'unité de base de DS Sud. Elle est formée par une alternance grèso-pélitiques à dominance pélitiques. Parfois, elle présente de fines passes carbonatées.. Au sommet de cette unité, s'intercalent des lentilles à minerais sulfurés massifs essentiellement à pyrrhotite, riche en métaux de base (Zn, Pb et Cu). Ces lentilles sulfurées sont allongées selon une direction N-S et présentent une puissance métriques (quelques m à 10 m) ; de plus, une minéralisation de remobilisation à pyrrhotite, pyrite, chalcopyrite et rarement à blende se concentre dans des failles N-S, sous diverses formes : disséminée, filonnets, veinules ou en plages millimétriques à centimétriques essentiellement à pyrrhotite.

L'unité de sommet est formée par des pélites fines noirâtres caractérisées par l'abondance de passes carbonatées très fines. Cette formation constitue la série de sommet de DS nord et présente les mêmes caractères sédimentologiques que celle de DS sud.

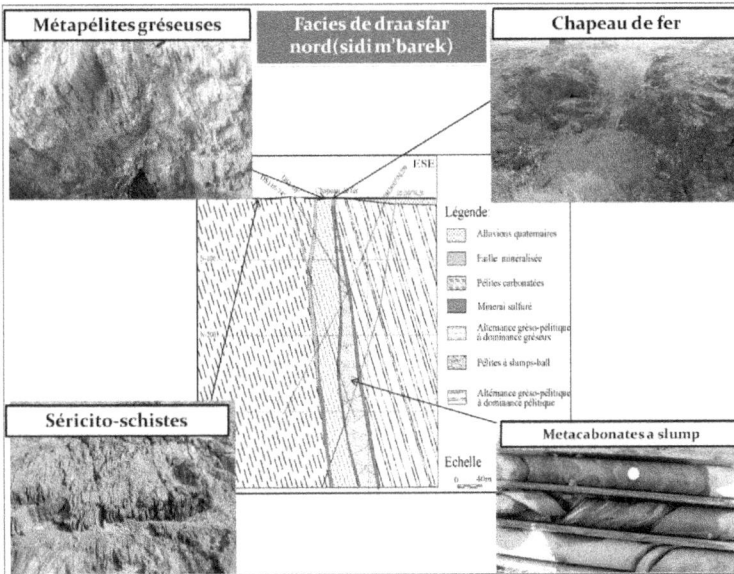

Figure 6: coupe transversale montrant les différentes faciès de sidi m'barek

II-4 Méthode d'exploitation

II-4-1 Critères de choix de la méthode d'exploitation

En général, le choix de la méthode d'exploitation d'un gisement est dicté par plusieurs contraintes techniques et économiques tels que :

Paramètres de sélection d'une méthode d'exploitation :

a. La forme géométrique des corps minéralisés
    - Décide en premier lieu le type de la méthode ;
    - Les infrastructures qui seront nécessaires.

b. La mécanique des roches permet de dimensionner :
    - Les ouvrages (galeries, chantiers, etc.....) ;
    - Le soutènement.

c. Les critères de qualité peuvent limiter le choix.
d. L'environnement de l'exploitation et impacts.
e. La productivité et la rentabilité d'une opération minière permet de faire un choix définitif

Tableau 1 : Paramètres de sélection d'une méthode d'exploitation

La décision à prendre en matière de choix de la méthode adéquate d'exploitation est une nécessité fréquente dans l'industrie minière. Elle se présente non seulement pour un gisement nouveau, mais aussi à chaque fois qu'un paramètre important, tel que une extension de gisement ou l'apparition de matériaux nouveaux ou une modification de la valeur de la substance extraite, ou encore une modification des conditions de gisement, connaît une variation sensible, exigeant pour le moins une adaptation de la méthode précédente, voire un changement complet.

La méthode adéquate d'exploitation souterraine est celle qui permet à la fois de :
    a) maximiser :
        - La sécurité,
        - La productivité,
        - Le profit, et la rentabilité économique des investissements

    b) minimiser :
        - L'énergie, et le matériel
        - Le temps (main-d'œuvre),
        - Les coûts opératoires,
        - L'impact négatif sur l'environnement.
        - La dilution, le salissage et les pertes de minerai.

A Draa Sfar, le choix de la méthode d'exploitation fait part de la satisfaction du critère de productivité. Ainsi, La qualité du gisement en termes de géomorphologie et en termes de continuité.

II-5 La méthode d'exploitation utilisée à draa sfar Nord

II-5-1 Description de la méthode

La méthode d'exploitation utilisée à Draa Sfar est la méthode des tranches montantes remblayées mécanisée(TMR) car elle répond aux critères précédents En plus, c'est une méthode des plus maitrisées à pour l'exploitation à Managem. Elle consiste à exploiter des surfaces minéralisées sur la totalité de la puissance en une ou plusieurs chambres.

II-5-1-1 Principe :

Compte tenu du fort pendage qui varie entre 70° et 80° et de la bonne tenue des terrains à Draa Sfar Nord, on utilise la méthode de la TMR par gradins. Pour cela, le gisement est découpé en panneaux (habituellement entre 20 et 25 m de langueur). L'accès se fait par un bras mobile, de section 12 m² et parfois16m², dont la pente est de -13% à +13% au fur et à mesure que la tranche monte.

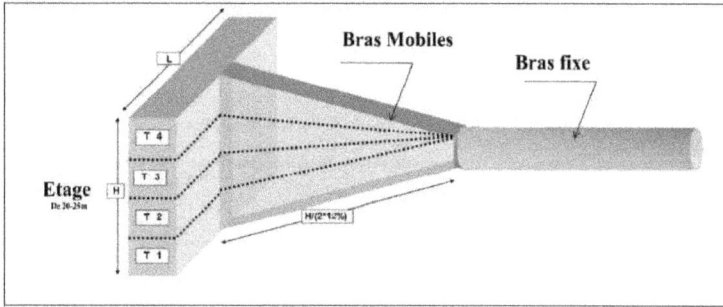

Figure 7 : Schéma explicatif de la méthode d'exploitation TMR

La tranche montante remblayée consiste à abattre le minerai gradin par gradin (de 4m de hauteur, 3 m de longueur et de largeur selon la puissance minéralisée) sur toute la tranche horizontale.

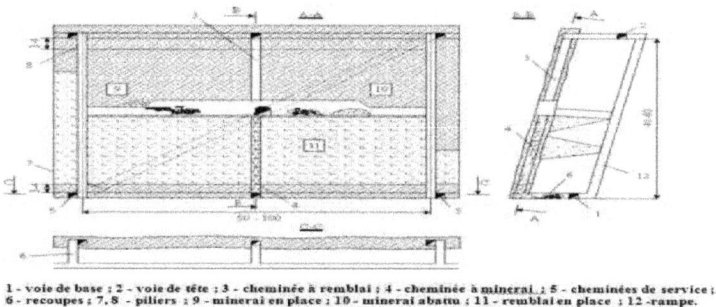

1 - voie de base ; 2 - voie de tête ; 3 - cheminée à remblai ; 4 - cheminée à minerai ; 5 - cheminées de service ;
6 - recoupes ; 7, 8 - piliers ; 9 - minerai en place ; 10 - minerai abattu ; 11 - remblai en place ; 12 -rampe.

Figure 8: la TMR mécanisée

II-5-1-2 Le cycle de production

Le cycle général de la TMR après avoir préparé le panneau consiste en :
> **La foration** : assurée par un Jumbo et des marteaux perforateurs, les trous forés par jumbo
et par marteaux ont une longueur de 4m et 2,2m respectivement.

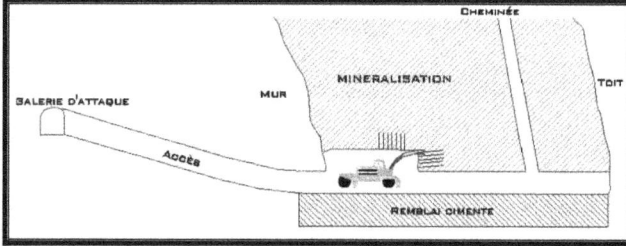

Figure 9 :foration

> **L'abattage** : cette opération consiste à charger les trous forés, en explosif. L'explosif utilisé
à la mine est le sigma plus les amorces à microretard. Les trous sont chargés manuellement
et les détonateurs sont reliés pour réaliser un schéma de tir.

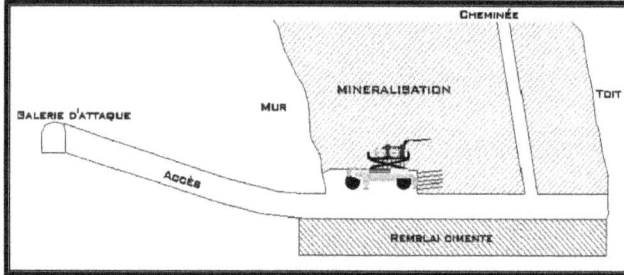

Figure 10 : Chargement et Tir

Le purgeage s'applique juste après chaque opération de tir à l'explosif, l'exécution
de cette opération est indispensable par mesure de sécurité, elle consiste à provoquer
la chute des blocs instables qui se trouvent à la couronne et qui sont susceptibles de
tomber suite à des ébranlements souterrains, et provoquer ainsi des accidents
mortels. Cette opération s'effectue manuellement à l'aide d'une pince à purge.
Avant de commencer la purge, il faut faire l'arrosage, c'est l'opération qui consiste
à arroser le front et les parements pour identifier les cartouches non tirées et les blocs
instables. le produit abattu afin de dégager les poussières et les gaz et faire apparaître
les fissures et les cartouches ratés et refroidir le lieu de travail.

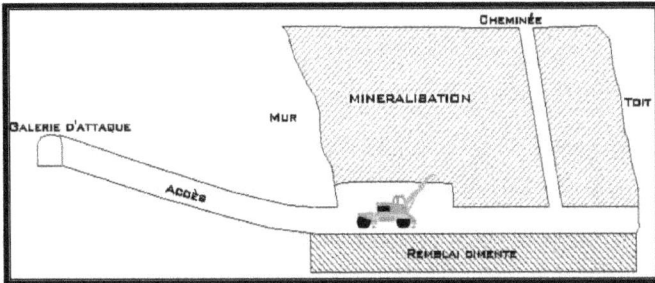

Figure 11 :Purgeage

> **Le déblayage** : cette opération consiste à déblayer le minerai et le stérile abattu. Elle se fait par des chargeuses appelées aussi Scoop ayant des godets de capacité de 3 et 6 tonnes et qui extraient le minerai et le stérile, elles peuvent aussi les stocker dans des recoupes pour pouvoir libérer le front à temps et reprendre la foration. Une fois l'exploitation d'une tranche est terminée, on procède à son remblayage soit par du remblai cimenté ou par du remblai mécanique mis en place par les scoops.

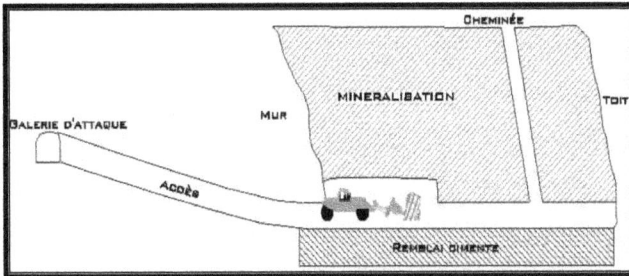

Figure 12 : Déblayage

> **Le remblayage** constitue la plate forme sur laquelle on travaille après l'ouverture de la tranche. Pour la première tranche, on doit faire un remblayage cimenté, composé d'agrégats et du ciment à la station de remblayage au jour. Ce type de remblai sert comme plate forme compacte qui retient les épontes et le remblai, et aussi comme indice déclarant la fin de l'étage.
> Pour les tranches suivantes, on fait un remblayage mécanique pour les tranches d'après. Les matériaux pour ce remblayage viennent du jour ou des
> Travaux préparatoire transportés par des scoops

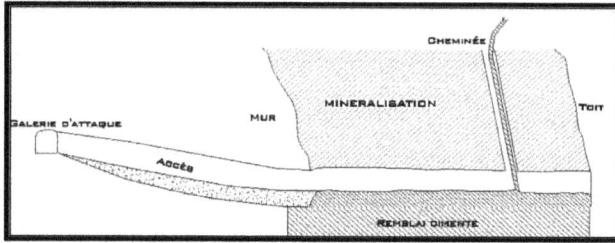

Figure 13 : Remblayage

II-5-2 Avantages et Inconvénients de la méthode TMR :

> Les avantages :
- la méthode peut être utilisée dans une large plage de conditions géo mécaniques et géologiques.
- la méthode est sélective.
- les pertes de minerai et le salissage sont faibles si la surface du remblai est protégée contre le mélange avec le minerai abattu.
- la méthode permet facilement de s'adapter au changement de pendage ou d'orientation du corps minéralisé et de passer à une autre méthode.
- Une récupération intégrale du gisement.
- La stabilité des terrains est maintenue puisque les épontes sont soutenues par le remblai.

> Les inconvénients :
- si le remblai cimenté est utilisé le coût d'exploitation est important.
- si le remblai rocheux est utilisé le rendement du chantier et la productivité.
du personnel sont faibles.

II-6 Mode de soutènement

II-6-1 Boulonnage

Les boulons à ancrage ponctuel

Les boulons à ancrage ponctuel sont formés d'une tige d'acier filetée à une extrémité pour recevoir la coquille tandis que l'autre extrémité est terminée par une tête forgée ou filetée pour recevoir un écrou, de longueur 2,4m, avec une maille 1m*1m. On place toujours une plaque d'appui près de la tête afin de pouvoir pensionner les boulons (figure 12).

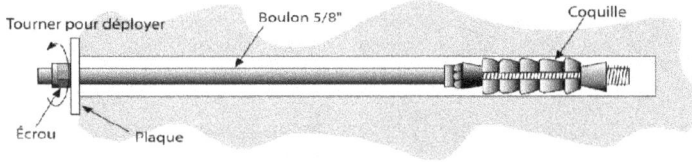

Figure 14 : Boulon à coquille

Boulons à friction (SWELLEX)

Ce boulon (marque déposée d'Atlas Copco) est formé d'un tube d'acier qui est déformé mécaniquement pour le ramener à un diamètre plus petit. Le boulon est ensuite gonflé par pression d'eau et la résistance à l'arrachement est produite par le frottement du boulon contre la paroi du trou.

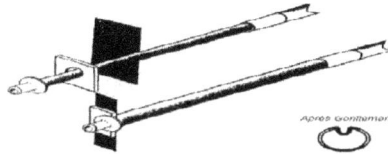

Figure 15 : Boulon swellex

Boulons à friction (Split Set)

Le boulon à friction de type Split Set est formé d'un tube d'acier de longueur variable, fendu dans le sens de la longueur et destiné à être inséré dans un trou de forage de diamètre légèrement inférieur. Les boulons de type Roc-Set sont similaires aux Split Set.

Figure 16 : Boulon Split Set

II-6-3 Béton projeté

Le soutènement par béton projeté, appelé aussi gunitage, consiste à projeter sur les parois d'une excavation un béton ou un produit similaire. Il était utilisé dans le cas de terrains difficiles à résistance mécanique faible. C'est un **soutènement de surface** qui protège les parois contre l'altération et la dégradation progressive. Il accompagne souvent le boulonnage et le treillis soudé.

II-6-4 Cintres

Ce sont des éléments métalliques assemblés entre eux. Ces éléments sont courbes et épousent la forme de l'ouvrage. Ce système de soutènement est renforce par du garnissage qu'on place entre le toit et la couronne dont le but est de combler les vides. On opte pour ce mode de soutènement lorsque le boulonnage ne convient pas, c'est-a dire dans le cas ou les terrains sont de mauvaise qualité.

Pour être efficaces, il est indispensable que les cintres métalliques soient entretoisés, calés au terrain avec soin (par bétonnage, boulonnage, ou calage) et aient une bonne assise a leur base.

Grillage

Les grillages en fil d'acier sont utilisés contre la chute de petits morceaux de roche instables et pour soutenir le massif fracturé. Les deux types de grillage couramment utilisés dans le soutènement sont le grillage à mailles entrelacées et le grillage à mailles soudées. Dans certaines conditions le grillage de type entrelacé est plus maniable et facile à installer. Grâce à sa grande capacité d'expansion, il est mieux adapté dans les zones propices aux coups de terrain. Le grillage est une protection intermédiaire efficace pour les petits fragments de roche fracturée. Le grillage, comme les traverses, est maintenu en place avec des plaques additionnelles et des boulons.

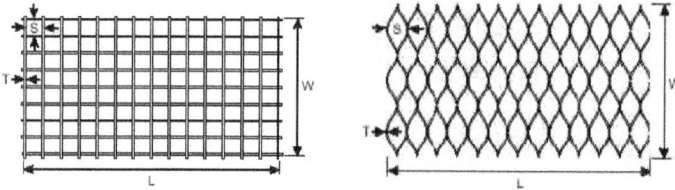

Figure 17 : Grillage en fil d'acier

III- Présentation de la méthode suivie pour l'étude

III-1 Objectif de la méthode

Six Sigma a été initié aux États-Unis dans les années 1980 chez Motorola. Cette démarche a tout d'abord consisté en l'application des concepts de la Maîtrise statistique de processus (MSP/SPC) et s'est ensuite largement étoffée en intégrant tous les aspects de la maîtrise de la variabilité. Au fur et à mesure de sa diffusion dans les autres entreprises (notamment General Electric), Six Sigma s'est également structuré en associant davantage à sa démarche les éléments managériaux et stratégiques. C'est aujourd'hui une approche globale de l'amélioration de la satisfaction des clients, ce qui n'est pas tout à fait la même chose que l'amélioration de la qualité. Se fondant sur cette meilleure satisfaction du client, la méthodologie Six Sigma est source d'accroissement de la rentabilité pour l'entreprise en cumulant les effets suivants :

- une diminution des rebuts, retouches, et plus généralement des coûts de non-qualité
- une amélioration de la disponibilité des machines et du taux de rendement synthétique (TRS);
- de meilleures parts de marché consécutives à l'amélioration de la qualité des produits.

La variabilité est l'ennemi de la qualité. Lorsqu'un ingénieur vient de fabriquer un produit qui donne entière satisfaction, son rêve serait de pouvoir le cloner à l'identique afin que chaque produit conserve les mêmes qualités. Mais ce n'est malheureusement pas possible, il y aura toujours une petite différence entre des produits réputés identiques, et ce sont ces petites différences qui conduisent à la non-qualité. Il en est de même pour les services que l'on ne peut fournir deux fois dans des conditions parfaitement identiques.

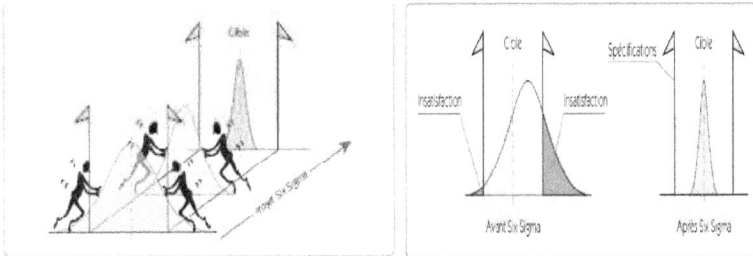

Figure 18 :Six Sigma et la réduction de la variabilité

La méthode Six Sigma est une méthodologie essentiellement fondée sur la notion de mesure et d'analyse statistique des procédés. « Si on peut mesurer le type et le nombre de défauts de fabrication d'un produit, alors on peut trouver les solutions pour les rectifier ». Le six sigma est utilisé pour mesurer, analyser, éliminer les défauts, pertes ou autre problème quantifiable de qualité pouvant survenir lors de la fabrication. Sa mise en place nécessite d'inculquer à tout le personnel impliqué dans l'activité de production la culture de la mesure, le six sigma est de nos jours une véritable méthode de management appliquée à l'ensemble des fonctions de l'entreprise.

La lettre grecque **"Sigma"** symbolise la variabilité statistique. σ = écart type. « Six sigma » signifie donc <<**six fois l'écart type**>>

« Six sigma vise à obtenir un nombre négligeable de défauts (3,4défauts par million d'opportunités), correspondant à la probabilité associée à une valeur six sigma pour la courbe normale.

mesure de qualité→une méthode pour maitriser la variabilité→une organisation des compétences.

Niveau Sigma	1	2	3	4	5	6
Défauts par million	690 000	308 500	66 800	6 210	233	3,4

Tableau 2 : Niveau z de la qualité

4 Sigma	6 Sigma
20 000 lettres perdues par heure par les services postaux	7lettre perdues par heure
2 atterrissage ratés par jour dans les principaux aéroport	1 atterrissage raté tous les 5 ans
200 000 prescriptions erronées de médicaments par an	68 prescription erronées de médicaments par an
54 heurs d'indisponibilité du système informatique	2 minutes d'indisponibilité par an

Tableau 3 : La fréquence des défauts critiques - qui ont de lourds impacts – doit être minimisée

En appliquant la courbe normale, Six Sigma parvient à reléguer les défauts et les problèmes de qualité aux extrémités de la distribution, faisant de ces problèmes de rares exceptions dans un processus fonctionnant quasiment sans défauts.

6sigma vise à améliorer un processus suivant les critères suivants : productivité, coût, qualité.

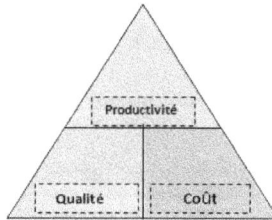

Figure 19: Triangle d'or

III-2 Les étapes de la mise en place du Six sigma

La généralisation de la mesure est à la base de la méthode six sigma. C'est une méthode qui se base sur l'analyse de données empiriques pour vérifier la manière dont le système se comporte et atteindre l'objectif d'amélioration du processus et la réduction de la dispersion.

La mise en place d'un projet d'amélioration six sigma suit la série des étapes "*DMAIC* de Six Sigma", « Définir, Mesurer, Analyser, Améliorer (Improve en anglais) et Contrôler) Pour passer d'une étape à une autre, il faudra valider au travers d'une revue le fait que les objectifs de l'étape ont bien été atteints..

- o **Définir**. Il s'agit à cette étape de poser le problème, identifier sur quels produits se trouvent les défauts, sélectionner avec précision les défauts mesurables, délimiter le champ de travail et fixer des objectifs ;
- o **Mesurer**. Collecter les informations disponibles à propos de la situation courante. Rassembler et classer les données collectées par type de défaut ;
- o **Analyser**. Etudier l'ampleur des défauts, rechercher les causes probables de ces derniers, émettre des hypothèses, faire une analyses quantitatives des données grâce à des outils mathématiques et statistiques appropriés, confirmer ou infirmer les hypothèses de départ ;
- o **Améliorer**. Rechercher, proposer et faire appliquer des solutions adaptées pour chaque situation. Il s'agit de trouver une ou plusieurs solutions appropriées pour chacune des causes des défauts ;
- o **Contrôler**. Suivre l'évolution de la nouvelle situation, analyser les résultats et mesurer l'efficacité des solutions appliquées.

Il existe des applications six sigma spécialement conçues pour l'exploitation de cette méthode. Elles proposent pour chaque étape de la démarche, une gamme d'outils d'analyse appropriés suivant la nature du processus ou du produit.

Le tableau suivant récapitule un ensemble d'outils à utilisés pour chaque étape.

Phase démarche	Méthode utilisable (boite à outils)			Objectif
	Temps/productivité	Qualité	Coût	
Définir	ISHIKAWA(5M)	ISHIKAWA(5M)	ISHIKAWA(5M)	*Définir les problèmes susceptibles d'affecter le temps et la productivité, la qualité ou le coût.*
	BRAINSTORMING	BRAINSTORMING	BRAINSTORMING	
	5P	5P	5P	
	Groupe de travail	Groupe de travail	Groupe de travail	
Mesurer	Chronométrage cadence (productivité)	Gemba (visite terrain), 5G	PRV mensuel Budget VS Réalisé	*Mesurer ce qui est réalisé sur le terrain en termes de productivité et d'arrêt, de qualité de travail et d'environnement ainsi que les coûts.*
	Tableau de bord (part arrêts)			
Analyser	Ishikawa	KAIZEN	Analyse PRV	*Analyser les écarts, et en ressortir les causes racines ou les 20% de problèmes induisant 80% d'écarts.*
	Pareto	5P	Benchmark	
Améliorer	Groupe de travail 8D	5S	3M	*Améliorer les résultats de réalisation mesurés et trouver des alternatives permettant l'optimisation du processus en question.*
	SMED	PDCA	Consultation nouveau produit	
Contrôler	Tableau de bord (productivité et arrêts)	Audit chaque quinzaine	Suivi prix de revient journalier	*Contrôler et suivre les réalisations obtenues après amélioration. Sans oublier de créer des standards*

Tableau 4 : Boite à outils de six sigma

IV- Définition de la problématique :

IV -1 Introduction

Le but de cette étape est de définir les problèmes rencontrés afin de pouvoir extraire les anomalies influencent la production de la mine Draa Sfar Nord.

Le but de cette étape est de définir la problématique à résoudre et à analyser en partant des besoins, des attentes et des objectifs recherchés.

Cette étape permet de cadrer le projet par la définition :

1) Du périmètre du projet ;
2) Des gains attendus ;
3) Des ressources ;
4) Des délais nécessaires ;

On y déterminera également le planning du projet.
On a fait appel aux outils suivants:

- ➢ La cartographie du processus **;**
- ➢ La description du processus **FIPEC** (Fournisseur Input Processus Extrant Client) ;
- ➢ **réalisation d'un Brainstorming** ;
- ➢ Identification de l'état actuel relatif aux pertes engendrées ;
- ➢ Le diagramme **QQOQCP** ;
- ➢ Rédaction de **la charte du projet** ;

IV -2 La cartographie de processus

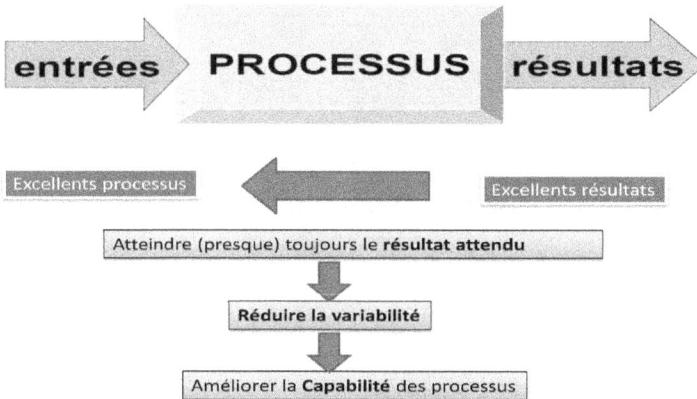

Figure 20 : Boite noire

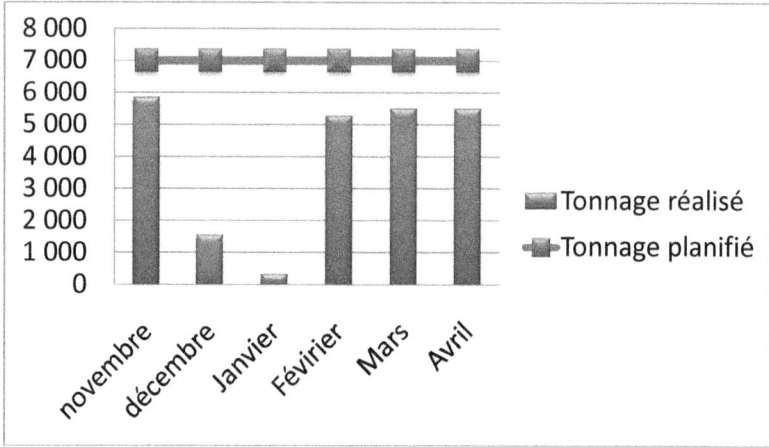

Figure 21 : L'écart entre le tonnage planifié et réalisé

Le graphe suivant présente la variation du tonnage réalisé dès l'ouverture de site avec le tonnage planifié.

Nous avons établit une cartographie sommaire du processus qui permet de faire apparaître simultanément les flux de matières entrante et les flux de matières sortantes, comme on le voit sur le diagramme FIPEC(SIPOC) ci dessous.

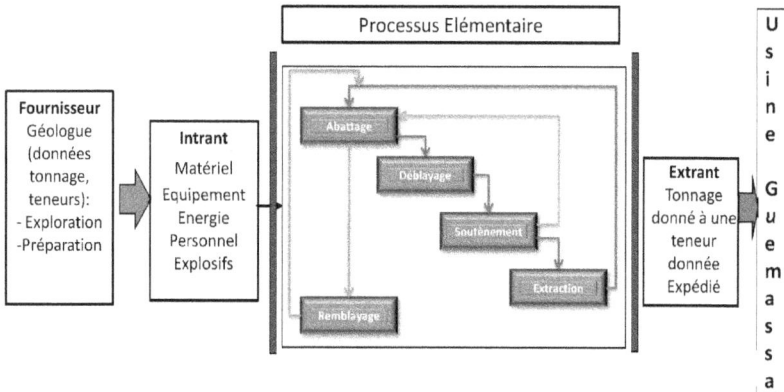

Figure 22 : Carte FIPEC

IV -3 Description des processus élémentaires

Le FIPEC peut paraître un élément simpliste du travail du groupe. Il est pourtant essentiel car il permet de concrétiser simplement les éléments constitutifs du processus et de le valider. Pour se donner toutes les chances de localiser les problèmes, il faut pouvoir les décrire synthétiquement. Cependant, une description trop précise, lors de l'établissement du FIPEC pour éviter le risque de négliger une étape importante. Le fait de se concentrer sur l'une des phases du processus peut entraîner une description trop détaillée au détriment d'informations importantes qui ne seraient pas traitées. La description des processus (Abattage, Déblayage, Soutènement, Extraction et Remblayage) fait l'objet de suivi et d'analyse réalisés.

IV -3 -1 Abattage

L'abattage comprend plusieurs opérations qui consistent à abattre le minerai ou à arracher des blocs des massifs, à les réduire en morceaux faciles à manipuler et à transporter dans le cas d'avancement Le cycle d'abattage comprend : la foration, le chargement et le tir.

IV -3 -1-1 Foration

C'est l'opération qui consiste à forer des trous de mine dans le front à abattre suivant un plan ou un schéma de tir qui s'adapte à la nature des terrains , les dimensions et la forme de l'ouvrage à réaliser. Le type de bouchon utilisé pour l'avancement est le bouchon canadien à trois trous vides.

La foration est la phase primordiale qui peut influencer les autres opérations du cycle d'avancement. Elle doit donc être de bonne qualité d'exécution.
Avant d'entamer la foration, le chantier doit faire l'objet de l'ensemble des travaux préparatoires suivants :
- Mise en service de l'eau et d'air comprimé.
- Contrôle du matériel.
- mise en place des broches de direction et de niveau.
- mise en place de jumbo ou marteau suivant la direction et le niveau.
La foration se fait par un jumbo ou par Marteau perforateur dont l'équipe est formée par deux opérateurs : un foreur et un aide mineur.

IV -3 -1-2 Chargement et tir

Le foreur et l'aide mineur sont chargés à réaliser cette étape. Elle consiste à charger les trous de mines par l'explosif. L'explosif actuellement utilisé est le Sigma. Le système d'amorce est constitué de détonateurs électriques à retards.
Les différentes opérations de chargement et tir se résument comme suit :

➢ Le soufflage :
Avant de placer la charge d'explosif, on doit nettoyer complètement le trou en retirant toutes les impuretés : l'eau, la boue, les cutting...etc.
Ceci se fait à l'aide d'un « fusil » qui se compose d'un tube métallique. On relie une extrémité du fusil au réseau d'air comprimé et on souffle le trou pour le nettoyer intégralement.

➢ Préparation des amorces:
C'est l'opération qui consiste à placer les détonateurs dans les cartouches de sigma afin qu'elles soient prêtes à la mise à feu. La charge moyenne par trou est d'une cartouche sigma par trou.

➢ Chargement :
C'est l'opération qui consiste à placer les sigmas dans les trous.

➤ Tir :
Se fait par un appareil appelé exploseur à condensateur après la vérification des circuits électriques à l'aide d'un Ohmmètre pour vérifier :
- S'il y a un court circuit dans la ligne.
- S'il y a des détonateurs qui ne sont pas reliés à la ligne de tir.
- S'il y a une coupure de la ligne.
Une fois que ces étapes sont terminées et que les ouvriers ont quitté le chantier, le mineur procède au tir.

IV -3 -1-3 Arrosage et purge

Cette opération est très importante vu les risques d'instabilité, Au cours de cette étape, les opérateurs vont réaliser deux taches :

➤ Arrosage

C'est l'opération qui consiste à arroser avec l'eau le chantier pour dégager les poussières et faire apparaître les fissures qui limitent les blocs instables. Ils vont, en plus vérifier s'il y a des ratés au niveau du tir.

➤ Purge

C'est une opération qui consiste à enlever les blocs non stables, à l'aide d'une pince à purge à fin d'éviter le risque de chute de blocs.
La durée de la purge dépend essentiellement de l'état de la roche (fissuration, stabilité, failles, etc.).

IV-3 -2 Déblayage

L'opération de déblayage consiste à charger et à transporter le minerai et les stériles pour préparer le chantier à la reprise d'un nouveau cycle d'exploitation.
Cette opération est assurée par des Scoops de capacité, 6t et 3t.
Le déblayage s'effectue de deux manières vers la recoupe de stockage: (présentez cela proprement)

- Soit à partir de la rampe
- Soit à partir des galeries d'attaque

IV -3 -2 Soutènement par boulonnage

Le boulonnage est un mode de soutènement qui permet de maintenir la stabilité des blocs rocheux sur le pourtour de la galerie, et d'autre part de limiter leurs déformations. Il consiste à renforcer la structure rocheuse autour de la galerie en introduisant dans un trou de mine un boulon et le rendre solidaire de la roche par ancrage, scellement ou friction.
Le type de boulon utilisé durant avancement de la rampe est le Split-Set avec une longueur de 1,8m et une maille 1,5m*2m, par contre pour l'abattage du minerai ils utilisent

→ Split-Set avec une longueur de 1,8m et une maille 1,5m*1,5m.

→ Boulons à couquis avec une longueur de 2m et une maille 1m*1m, pour la couronne.

→Boulons swellexe avec une longueur de 2m et une maille 1,5m*1,5m, pour la couronne.

Le soutènement par boulonnage permet d'exercer une pression sur les parois du trou et assurer par la suite un confinement aux massifs rocheux fracturés.

Le boulonnage est divisé en deux opérations :
- La foration des trous : Elle se fait d'une manière mécanisée à l'aide d'un Jumbo, ou classique via les marteaux perforateurs.
- La pose du boulon : se fait en poussant sur le boulon par l'air comprimé.
L'équipe de boulonnage est composée de deux opérateurs : un foreur et un aide mineur.

IV -3 -3 Organisation du travail

Une journée de travail est divisée en trois postes :
- Le premier poste de 7h à 15h

- Le deuxième poste de 15h à 23h

- Le troisième poste de 23h à 7h

IV -4 Réalisation d'un Brainstorming

Le brainstorming, appelé aussi «remue-méninges» ou «tempête dans le cerveau» est un outil de créativité, qui se pratique dans le cadre d'un groupe de travail. Sur un thème donné, le brainstorming se déroule en respectant des règles :

- tout dire (variété, diversité);
- en dire le plus possible (la quantité prime sur la qualité);
- piller les idées des autres (analogies, variantes, oppositions, contraires…);
- ne pas commenter, ne pas censurer, ne pas critiquer les idées émises;
- participer dans la bonne humeur.

Objectif
Produire un maximum d'idées en un minimum de temps, dans des conditions agréables.

Participants :
1 : M. SEBBAR Responsable CIP
2 : M. AIT LAHBIB Responsable Ingénierie
3 : M .BAJDDI Responsable projet DS
4 : équipe de production DS Nord (CMG , TECHSUB et top forage)
    -CMG (Rmiki,Akhzam,Drouich,Boujmaa,Boukidour…)
    -TECHSUB (Mustapha,Said,Mohamed,Izm…

Les résultats de nos discussions ont abouti à la classification des problèmes suivante :

La productivité	La qualité	Le coût
- Les venues d'eaux - Aérage - Panne de marteau - Panne de scoop - Manque d'effectif	- Dilution ➔ ouverture supérieue à la puissance minérale (L3). - Salissage lors de déblayage. - Marteaux de foration.	- l'utilisation du sigma au lieu de l'ammonix rend le cout de l'explosif à la tonne plus élevé.

Tableau 5 : Résultat Brainstorming

IV -5 La charte du projet

La charte du projet (Tableau 6) se matérialise par une fiche qui résume les principaux résultats de l'étape « Analyser ». On y retrouve :
- la définition du problème ;
- l'identification des caractéristiques critiques pour les clients ;
- la mise en évidence de l'état actuel et de l'état souhaité, qui doit faire apparaître les limites du projet ;
- la définition du groupe de travail et l'engagement des principaux acteurs.

Bien entendu, comme on ne sait pas résumer l'ensemble des travaux qui ont été réalisés en une seule fiche ; on conservera précieusement l'ensemble des graphiques et méthodes utilisés pour aboutir à ce consensus.
Cette charte engage le groupe de travail tant en termes de délais qu'en matière de résultats attendus. C'est sur la base de cette charte que se déroulera la première revue de projet R0 entre le pilote (*Black Belt*) et le responsable du déploiement (Champion). Tout au long du projet, on pourra éventuellement revenir sur certains éléments de cette charte lorsque les évolutions du projet l'exigent. Une modification de la charte doit obtenir la signature de l'ensemble des acteurs.

Six sigma – Etape1 : DEFINIR – Charte de projet

Optimisation de la méthode d'exploitation de la mine Draa Sfar Nord

Formulation du problème

Qui   : Service fond
Quoi   : Optimisation du cycle de production de la mine DSN
Où   : CMG (Draa Sfar nord)
Quand   : Lors de l'exploitation du minerai
Comment   : Suivi de cycle de production
Pourquoi   : Optimiser le processus (qualité, productivité, coût)

Besoins des clients	Exigences	Indicateurs	Spécifications
- Teneur planifiée - Tonnage extrait planifié	- Améliorer la performance du processus - Réduire les arrêts	- Métrage, tonnage et teneur réalisés - Ratio boulonnage (Cf. Devis soutènement).	-Minimiser les coûts opératoires -Améliorer la productivité -bonne qualité

Etat actuel : Variabilité au niveau de cycle d'exploitation	Etat souhaité: Optimisation et amélioration de cycle de production

Groupe de travail :   Ahmad EL YAAKOUBI & Mohammad ET-TAYEB

Semaines: 3 semaines

Tableau 6 : Charte du projet

V-Mesurer : quantification de l'état des lieux

La première étape nous a permis d'éclaircir le cadre du projet et de mettre en évidence les paramètres critiques pour la qualité et d'orienter le projet vers des causes racines de variabilité. La mesure de la situation actuelle est nécessaire pour toute démarche d'amélioration continue, car on ne peut améliorer ce que l'on ne peut mesurer.

Cette étape est ainsi essentielle dans le déploiement de la démarche Six Sigma. Elle a pour objectif l'évaluation concrète de la performance des processus. Autrement dit, son objectif est de renseigner, par les mesures appropriées sur le fonctionnement du processus concerné.
La phase "MESURER" comprendra l'identification d'une caractéristique mesurable du processus, puis la collecte des données et enfin le calcul de la capabilité du processus et la performance.

V-1- Le suivi des opérations du cycle d'exploitation :

Pour expliciter chacune des opérations contribuant à l'avancement des galeries et des gradins, nous avons effectué plusieurs suivi détaillés de toutes les opérations effectuées depuis le début de poste jusqu'à la fin. Ce qui a permet de déterminer le temps réservé à chaque activité et détecter l'ensemble des arrêts pouvant retarder le cycle, évaluer leurs fréquences et leurs criticités.

V-1-1- La norme utilisée :

Le suivi des taches liées à l'abattage, soit du gradin soit du front d'avancement de la rampe, depuis le début du poste jusqu'à la fin nous a permis, par chronométrage, d'avoir les résultats présentés dans les tableaux ci-dessous.

Nous nous sommes basés sur la norme **NF 60-182** (Figure 21) qui consiste à rassembler les tâches liées à l'abattage dans différentes catégories de temps

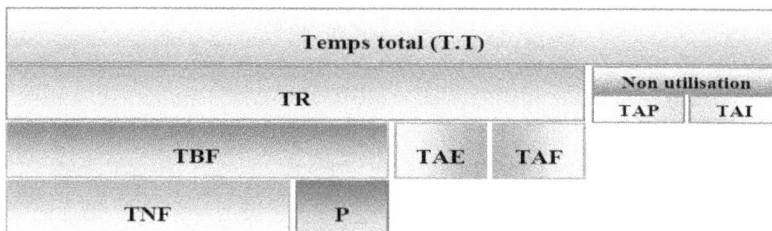

Temps total (T.T)				
TR			Non utilisation	
			TAP	TAI
TBF		TAE	TAF	
TNF	P			

Figure 23 : Les temps de fonctionnement et d'arrêts pendant un poste

Avec :

TT : Temps total, c'est le temps total du poste 480 min.
TR : Temps requis, c'est le temps effectivement passé dans la galerie pour réaliser la totalité. du travail programmé (que l'engin est en marche ou non).
TBF : Temps brut de fonctionnement, c'est le temps pendant lequel l'engin a effectivement marché pour réaliser la totalité du travail programmé.
TNF : Temps net de fonctionnement, c'est le temps passé dans la galerie pour réaliser le travail programmé excluant les pannes.
TAI : Temps d'arrêts induits, c'est le temps lié à des aléas d'organisation.

TAP : Temps d'arrêts planifié, c'est le temps activités préparatoires des opérateurs à l'entrée et au sortie.
TAF : Temps d'arrêts fonctionnels, c'est tout arrêt d'avancement qui est directement lié au matériel.
TAE : Temps d'arrêts d'exploitation, c'est tout arrêt d'avancement lié aux arrêts du personnel.
TUF : Temps utile de fonctionnement
TRS : Le taux de rendement synthétique, est un indicateur destiné à suivre le taux d'utilisation de l'engin.
TRG : Le taux de rendement global, est un indicateur de productivité sur toute l'organisation.

V-1-2- Suivi du gradin :

Temps	Taches	Moyenne (min)	Ecart-type(mn)	pourcentage(%)
TBF	foration	190	40	39,58
	Fixation boulons (occasionnel)			
	chargement et tir			
TAP	Attente véhicule	85	36,23	17,71
	Déplacement (aller+retour)			
	Douche+attente bus			
	Aller/retour à la galerie			
TAI	Des aléas d'organisation	61	56,12	12,71
TAF	Préparation du matériel	94	13,4	19,58
	Rangements du matériel			
	Réparation de matériels			
	Purge+arrosage			
TAE	Attente de consignes	50	28,5	10,42
	Pause repas			
	Supervision			
Temps total théorique		480 min		100 %

Tableau 7 : Répartition des temps dans le poste d'abattage de gradin selon leurs correspondances

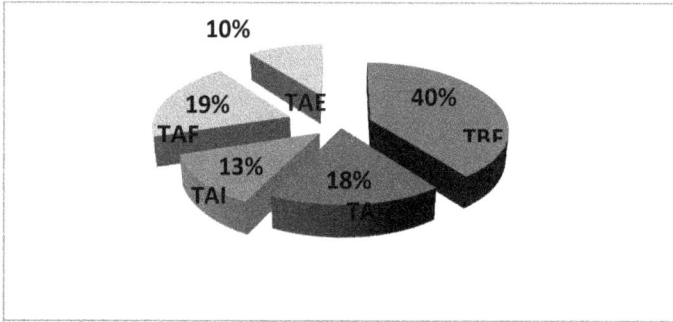

Figure 24 : Répartition des temps de fonctionnement et d'arrêts durant un poste d'abattage de gradin

V-1-2-1 Analyse des résultats :

- Le temps brut de fonctionnement occupe 40% du temps total, ce qui est un temps limité à l'égard des temps d'arrêts, avec un écart type de 40 ce qui démontre sa non uniformité dans le temps.
- Le temps d'arrêt induit est estimé à 13% du temps total du poste, quant au temps d'arrêt prévu, vu les activités nombreuses qu'il contient.
- Le temps consacré aux arrêts fonctionnels est limité dans le poste avec un petit écart type. Ce qui est du aux temps limité réservé au purge. La durée occupée par le temps d'arrêts d'exploitation est de 10,42%.

V-1-2-2 Calcul de taux de rendement synthétique :

Le Taux de rendement synthétique (TRS) est un indicateur destiné à suivre le taux d'utilisation des engins de foration (marteau).

On a

$$TRS = Td*Tp*Tq$$

Avec :

Td : Taux de disponibilité, $T_{disponibilité} = TBF/TR = 56,89\%$

Tp : Taux de performance, $T_{performance} = TNF/TBF = 88,05\%$

Tq : Taux de qualité, $T_{qualité} = $ longueur forée/longueur de la tige $= 89,58\%$

Temps requis = Temps total – (TAP + TAI) = 5h 34min

D'où :

$$TRS=46,40\%$$

→ Le TRS nous indique un faible rendement d'abattage, vu que l'opération ne présente qu'un rendement de 46,40%.

V-1-3 Suivi d'extraction :

Temps	Taches	moyenne (min)	Ecart-type(min)	Pourcentage(%)
TBF	Extraction	185	22,15	38,54
TAP	Déplacement (allée+retour)	80	12	16,67
	Douche			
TAI	Transport des matériels	56	28,42	11,67
	Autres (albraque, croisement des engins)			
TAF	Maintenance	140	30	29,17
	Mise en charge de l'engin			
TAE	Attente de consignes	19	28,5	3,96
	Pause repas			
	Supervision			
	Temps total théorique	480		100

Tableau 8 : Répartition des temps dans le poste d'extraction selon leurs correspondances

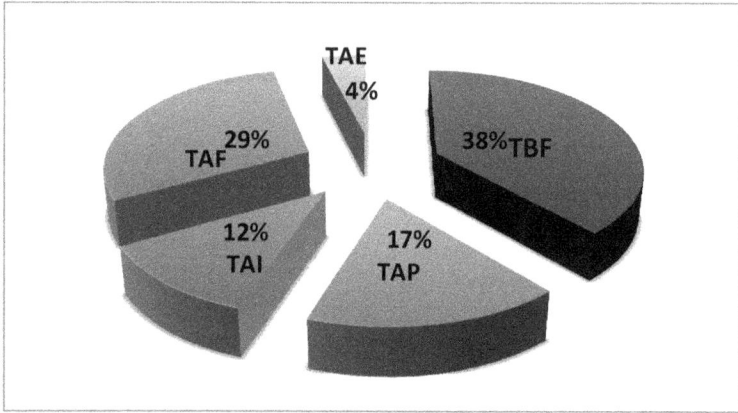

Figure 25 : Répartition des temps de fonctionnement et d'arrêts durant un poste d'extraction

V-1-3-1 Calcul du taux de rendement synthétique :

On a

$$TRS = Td*Tp*Tq$$

Avec :

Td : Taux de disponibilité, $T_{disponibilité} = TBF/TR = 53,78\%$

Tp : Taux de performance, $T_{performance} = TNF/TBF = 96,22\%$

Tq : Taux de qualité, $T_{qualité} = TUF/TNF = 90\%$

Temps requis = Temps total – (TAP + TAI) = 5h 44min

D'où :

$$\boxed{TRS = 46,57\%}$$

→ Faible rendement d'extraction vu la fréquence importante des arrêts

❖ **Calcul du taux de rendement global :**

TRG : Le taux de rendement global, est un indicateur de productivité sur toute l'organisation.
On calcule le TRG par cette relation :

$$TRG = \frac{TU_1 + TU_2}{TT}$$

Avec :

TU1 : temps utile dans un poste d'abattage et soutènement

TU2 : temps utile dans un poste d'extraction

TT : temps total du cycle : 16 h

TU =TRS*TR

$TU_1 = TRS_1 * TR_1 = 0,464 * 334 = 155$ min

$TU_2 = TRS_2 * TR_2 = 0,4657 * 344 = 161$ min

Alors le taux de rendement global est :

$$\boxed{TRG = 32.83 \ \%}$$

➔ Le faible rendement indiqué par le TRG reflète la faible productivité, qui est du à la mauvaise organisation du travail dans le chantier et la fréquence des arrêts.

V-2 Cycle d'avancement de la rampe :

V-2-1 Suivi d'un poste d'abattage du front de la rampe :

Temps		Taches(min)	Moyenne(min)	Ecart-type(mn)	pourcentage(%)
TBF		foration	235	32,50	48,96
		chargement et tir			
Non utilisation	TAP	Attente véhicule	95	19	19,79
		Déplacement (aller+retour)			
		Douche+attente bus			
		Aller/retour à la galerie			
	TAI	TAI	45	25,50	9,38
TAF		Préparation du matériel	58	21	12,08
		Rangements du matériel			
		Purge+arrosage			
TAE		Attente de consignes	47	22	9,79
		Pause repas			
		Supervision			
Temps total			480		100

Tableau 9 : Répartition des temps dans le poste d'abattage de stérile selon leurs correspondances

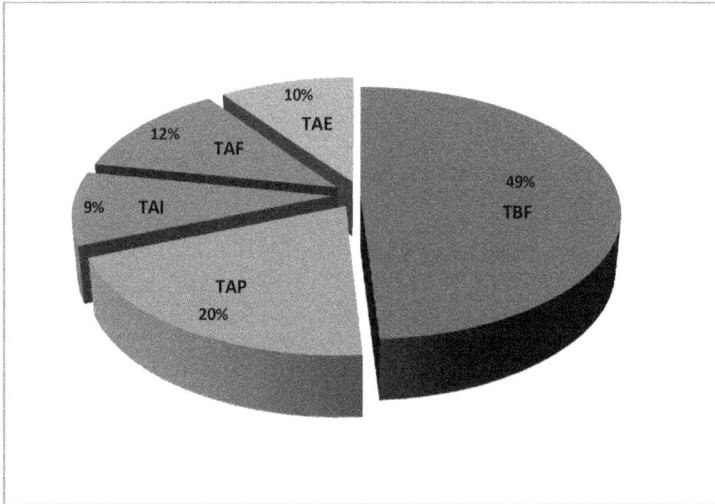

Figure 26 : Répartition des temps de fonctionnement et d'arrêts durant un poste d'abattage stérile

V-2-1-1 Taux de rendement synthétique :

$$TRS = Td*Tp*Tq$$

A.N :

Temps requis = Temps total − (TAP + TAI) = 5 h 40 min

Td=TBF/TR= 69,11 %
Tp=TNF/TBF= 85,10 %
Tq= TUF/TNF= 88 %

$$\boxed{TRS = 51,76 \%}$$

V-2-2 Suivi d'un poste de déblayage et de soutènement :

Temps	Taches	Moyenne (min)	Ecart-type (mn)	pourcentage(%)
TBF	soutènement			54,17
		260	34	
	déblayage			
TAP	Attente véhicule			17,50
	déplacement(aller+retour)	84	12	
	Douche+attente bus			
	Aller/retour à la galerie			
TAI	TAI	36	10	7,50
TAF	Préparation du matériel			14,58
	Rangements du matériel	70	23	
	Purge+arrosage			
TAE	Attente de consignes			6,25
	Pause repas	30	20	
	Supervision			
Temps total		480		100

Tableau 10 : Répartition des temps dans le poste de déblayage stérile selon leurs
correspondances

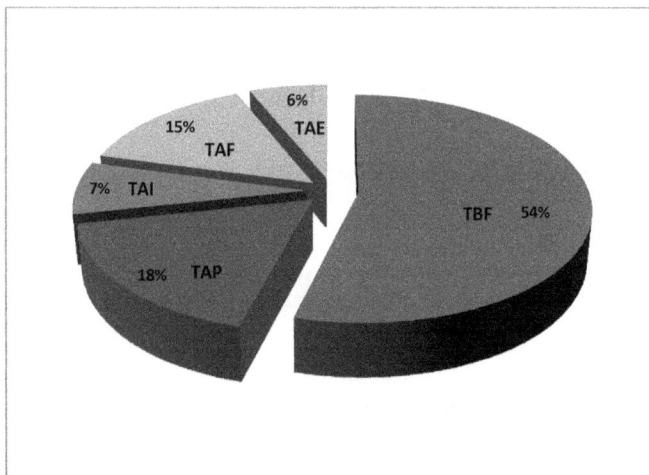

Figure 27 : Répartition des temps de fonctionnement et d'arrêts durant un poste de déblayage
stérile

V-2-2-1 Calcul de taux de rendement synthétique :

$$TRS = Td*Tp*Tq$$

A.N :

Temps requis = Temps total – (TAP + TAI) = 6 h

Td=TBF/TR= 72,22 %
Tp=TNF/TBF= 88,46 %
Tq= TUF/TNF= 89,58%

$$\boxed{\textbf{TRS =57,23 \%}}$$

V-2-2-2 Taux de rendement global (TRG):

Le TRG se calcule pa la relation suivante :

$$\boxed{TRG = \frac{TU_1 + TU_2}{TT}}$$

Avec :

TU1 : temps utile dans un poste d'abattage

TU2 : temps utile dans un poste de soutènement et déblayage

TT : temps total du cycle : 16 h

TU =TRS*TR

TU_1= TRS_1*TR_1 =0,5176*340 = 176 min

TU_2= TRS_2*TR_2 =0,5723*360 = 206,02 min

Alors le taux de rendement global est :

$$\boxed{\textbf{TRG= 39,79 \%}}$$

➔ Le faible rendement indiqué par le TRG reflète la faible productivité, qui est du à la fréquence des arrêts.

V-3 Evaluation des rendements et les rations techniques :

V-3-1 Rendement d'abattage (gradin):

V-3-1-1 Tonnage abattu par volet R1:

Ce rendement s'exprime par la relation suivante :

$$R1 = \frac{\text{tonnage abattu}}{\text{nombre de volées}}$$

Le tableau suivant nous donne les résultats obtenus lors du suivi réalisé :

Moyenne de nombre de trous forés	Longueur forée par trou(m)	Longueur arrachée(m)	Rendement d'abattage (t/volet)
16	2,30	1,6	76,80

Tableau 11 : tonnage moyen par volet

Alors le tonnage moyen par volet dans les chantiers de Draa sfar Nord étudiés est de **76,80** (t/volet)

V-3-1-2 Rendement de tir R2 :
Le rendement du tir (Tableau 5.6) permet de voir l'efficacité du tir par rapport a la longueur forée. Il s'exprime par :

$$R2 = \frac{\text{longueur arrachée}}{\text{longueur forée}} \times 100$$

Moyenne de nombre de trous forés	Longueur forée par trou(m)	Longueur arrachée(m)	Rendement de tir (%)
16	2,30	1,6	69,50

Tableau 12 : Rendement de tir

Le rendement moyen dans les chantiers étudiés est de 69,50 %

V-3-1-3 Consommation d'explosifs par tonne de minerai abattu R3
C'est le rapport entre la quantité de l'explosif utilisée sur le tonnage abattu. Il est exprimé en kg par tonne, on écrit :

$$C_e = \frac{Q_e}{T_a}$$

Ce: La consommation en explosif (g/tonne)
Qe: La quantité de l'explosif (g)
Ta: Le tonnage abattu (tonnes)

Nombre de trous chargés	Quantité de Sigma (Kg)	Charge par trou (Kg/trou)	Cs (g/t)
16	23	1,44	299,37

Tableau 13 : Consommation pratique en explosif

La consommation spécifique en Sigma est de **299 ,37 g/tonne**

V-3-2 Rendement de l'extraction :

On le calcule par la relation suivante :

$$R_g = \frac{C_g * Y * N_g}{T_t}$$

C_g : Capacité réelle du godet 1,5m³
N_g : Nombre de godets
Y : Densité du minerai : 3,8
T_t : Temps total d'extraction

A.N

$$\boxed{Rg = 16,76 \text{ t/h}}$$

→ **Courbe caractéristique de déblayage :**

La courbe (Figure 10) représente la variation du rendement du microscoop (Toro) en fonction de la distance entre le front et le jour .

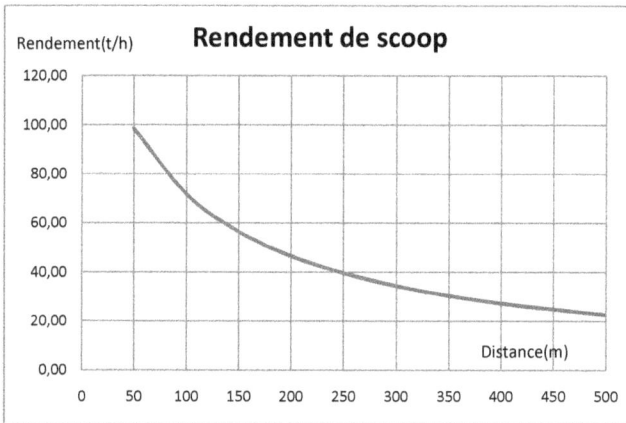

Figure 28 : Représentation graphique de la courbe caractéristique du déblayage pour l'engin Toro

V-4 Calcul des rendements (Avancement) :

V-4-1 Rendement d'abattage

Ce tableau résume tous les calculs :

Temps moyen de cycle(min/trou)	longueur moyenne forée(m)	rendement(m/h)	rendement(trou/h)
5,2	2,2	25,38	11,54

Tableau 14 : Rendement d'abattage du front de la rampe

V-4-2 Rendement Métrage arraché par volée

L'avancement est calcule pour plusieurs volets (Tableau 5.8).Il est exprime par la relation suivante :

$$Av = \frac{\sum \text{longueur forée}}{\text{nombre des volée}}$$

longueur forée (m)	Longueur arrachée(m)	nombre de volées	avancement Av(m/volée)
13,20	11,28	6	1,88

Tableau 15 : Avancement d'abattage stérile

L'avancement moyen dans les chantiers étudiés est de 1,88 (m/volet)

V-5 Capabilité et Performance du processus :

La capabilité d'un processus est l'aptitude à atteindre en permanence le niveau de qualité souhaité. L'indice Cp fournit une indication sur la performance d'un processus par rapport aux limites admissibles.

La performance permettant de *mesurer comment* se situe l'entreprise en matière de qualité ;

On les calculs par les relations suivantes :

$$C_p = \frac{(T_s - T_i)}{6 * \sigma_{court-terme}} \qquad P_p = \frac{(T_s - T_i)}{6 * \sigma_{long-terme}}$$

- C_p : Capabilité de processus
- P_p : Performance de processus

- **T$_s$** : Tolérance supérieure
- **T$_l$** : Tolérance inférieure
- **σ** : L'écart type

Le tableau suivant présente le niveau de la capabilité :

Cp	Interprétations	Recommandations
Cp>1,67	Plus que suffisant	Non préoccupant, chercher à simplifier la gestion pour réduire les coûts.
1,67>Cp>1,33	Suffisant	Situation idéale. A maintenir
1,33>Cp>1	Trop juste	Nécessite de l'attention, Cp proche de 1 signifie qu'une dérive peut créer des défauts.
1>Cp>0,67	Insuffisant	Existence de non conformes. Il faut contrôler à 100%, analyser le processus et si possible l'améliorer.
0,67>Cp	Très insuffisant	Analyse immédiate des causes, urgence de mise en place de contre-mesures, révision des tolérances.

Tableau 16 : le niveau de la capabilité

Détermination des tolérances :

Pour le choix de la tolérance supérieure, nous avons opté la démarche suivante :

Abattage : Le temps théorique alloué à la foration de gradin d'après le suivi réalisé (annexe A) est 90min. La moyenne de foration des trous de tir est 6,01min. Le nombre moyen des trous forés par gradin est 16.

T = (90/16) – moyenne = 26s

Déblayage : Le temps théorique alloué à la foration de gradin d'après le suivi réalisé (annexe A) est 120min. La moyenne de foration des trous de tir est 6,11min. Le nombre moyen des godets réalisé par gradin est 16.

T = (120/17) – moyenne = 53s

Extraction : Le temps théorique alloué à l'extraction du minerai d'après le suivi réalisé (annexe A) est 300min. La moyenne d'extraire un godet est 21,5min. Le nombre moyen des godets réalisé est 12.

T = (300/12) – moyenne = 3,5 min

Remblayage: Le temps théorique alloué au déblayage d'après le suivi réalisé (annexe A) est 120min. La moyenne de chargement, déchargement et de roulage d'un godet est 5,47min Le nombre moyen des godets réalisé est 20.

$$T = (120/20) - \text{moyenne} = 32 \text{ s}$$

La limite inférieur n'est pas une contrainte car tant que le temps alloué à la foration est minimum tant que la productivité s'améliore.

Pour le déblayage, le remblayage et l'extraction, pour le calcul des tolérances nous avons pris le nombre des godets réalisés au lieu des trous.

❖ **Abattage :**
- ❖ La moyenne de foration d'un trou est de : 6 min (**Annexe A**)
- ❖ L'écart type à court terme vaut 37,5 s
- ❖ sigma long terme : 85,8 s
- ❖ La tolérance est de ± 26s

$$Cp = 0,23 \qquad Pp = 0,15$$

❖ **Déblayage :**
- ❖ La moyenne de déblayer un godet de 3t est de 6 min 11 s (Annexe A)
- ❖ L'écart type court terme : 50 s
- ❖ L'écart type long terme : 1 min 44 s
- ❖ La tolérance vaut : **± 53 s**

$$Cp = 0,35 \qquad Pp = 0,17$$

❖ **Extraction :**
- ❖ La moyenne d'extraction est: 21 min 30 s (**Annexe A**)
- ❖ L'écart type court terme : 6 min 40 s
- ❖ L'écart type long terme : 7 min 4 s
- ❖ La tolérance : ± 3 min 30 s

$$Cp = 0,175 \qquad Pp = 0,165$$

❖ **Remblayage :**
- ❖ La moyenne de remblayage est de **5 min 47 s (Annexe A)**
- ❖ l'écart type court terme : **47,5 s**
- ❖ L'écart type long terme : **1 min 06 s**
- ❖ La tolérance vaut : **± 32 s**

$$Cp = 0,24 \qquad Pp = 0,17$$

Le tableau suivant résume la capabilité et la performance des processus étudiés

	Abattage	Déblayage	Extraction	Remblayage
Cp	0,23	0,35	0,175	0,24
Pp	0,15	0,17	0,165	0,17

Tableau 17 : capabilité et la performance des processus étudiés

D'après les calculs ci-dessus, on remarque que le niveau de la capabilité et de la performance est très insuffisant car il ne dépasse pas 1,33, ce qui traduit l'instabilité du procédé. En effet, si on sait stabiliser un procédé, on limite les variations de consignes et la dispersion à long terme sera proche de la dispersion à court terme.

Une analyse des causes et une surveillance du procédé s'imposent pour régler la variabilité de processus.

VI-Analyse des causes de la variabilité du processus

VI-1 Introduction

Après avoir accompli les étapes « Définir » et « Mesurer », on a parfaitement identifié les caractéristiques critiques pour la productivité, le coût et la qualité, et on dispose d'un moyen de mesure permettant de les quantifier. Lors de l'étape « Mesurer », on a également pu mettre en place une campagne d'observation du processus afin de récolter des données fiables.

L'étape « Analyser » a pour objectif d'augmenter notre connaissance du processus afin de découvrir les causes « racines » de la variabilité et de la performance insuffisante. À la fin de cette étape, on doit avoir une idée très précise des sources d'insatisfaction et des paramètres qui devront être modifiés pour atteindre la performance attendue.

VI-2 Diagrammes d'Ishikawa

Diagramme de causes et effets, diagramme d'Ishikawa, diagramme arêtes de poisson ou 5M est un outil développé par Kaoru Ishikawa utilisé dans la gestion de la qualité.

Le diagramme ci-dessous représente de façon graphique les causes aboutissant à la variabilité de processus. Il sera utilisé comme outil de modération d'un brainstorming et comme outil de visualisation synthétique et de communication des causes identifiées. Il sera aussi utilisé dans le cadre de recherche de cause de la variabilité .

Ce diagramme se structure habituellement autour des 5M. Kaoru Ishikawa recommande de regarder en effet l'événement sous cinq aspects différents, résumés par le sigle et moyen mnémotechnique 5M:

Matière : les matières et matériaux utilisés et entrant en jeu.

Matériel : l'équipement, les machines.

Méthode : le mode opératoire.

Main-d'œuvre : les interventions humaines.

Milieu : l'environnement, le positionnement, le contexte.

Chaque branche reçoit d'autres causes ou catégories hiérarchisées selon leur niveau de détail.

Le positionnement des causes met en évidence les causes les plus directes en les plaçant les plus proches de l'arête centrale

Amélioration du cycle de production en appliquant la démarche Six Sigma à la mine de Draa Sfar Nord

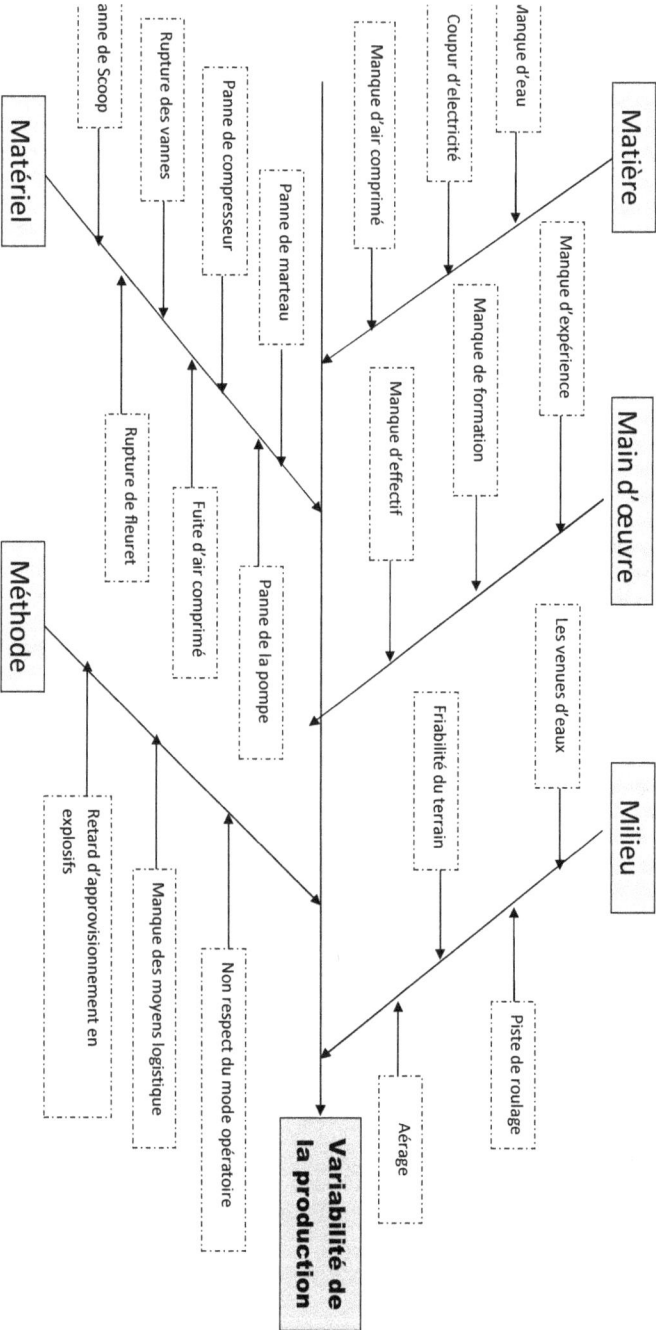

Matière

- Manque d'eau
- Coupur d'electricité
- Manque d'air comprimé

Main d'œuvre

- Manque d'expérience
- Manque de formation
- Manque d'effectif

Milieu

- Les venues d'eaux
- Friabilité du terrain
- Piste de roulage
- Aérage

Matériel

- anne de Scoop
- Rupture des vannes
- Panne de compresseur
- Panne de marteau
- Rupture de fleuret
- Fuite d'air comprimé
- Panne de la pompe

Méthode

- Retard d'approvisionnement en explosifs
- Manque des moyens logistique
- Non respect du mode opératoire

Variabilité de la production

Comme l'objectif de la méthode Six Sigma est d'atteindre un niveau sigma égale 6.vu la difficulté rencontrée dans la mine on a opté d'atteindre dans un premier lieu un niveau Trois Sigma.

La représentation graphique des données est un premier niveau d'interprétation

VI-3 Les tests de comparaison

Les tests de comparaison doivent conduire à la conclusion de l'existence d'un écart significatif, ou non, entre deux ou plusieurs situations. On peut comparer des moyennes, des écarts types ou des fréquences.

Lors de la mise en œuvre de ce test de comparaison dans la mine, nous avons comparé la situation réalisée par rapport à la situation objective (3sigma).

Nous avons comparé l'écart entre les deux situations pour les différentes étapes de cycle de production

Le cycle de production possède actuellement une caractéristique que nous souhaitons améliorer. Nous avons fait un essai et les résultats semblent indiquer une amélioration.

Est-ce que le résultat trouvé conclure réellement à une amélioration ou est-ce simplement dû à l'effet de la dispersion ?

Ce type de problème peut se poser au niveau de la moyenne ou de l'écart type, mais également au niveau de la fréquence d'apparition d'un phénomène.

Pour répondre à ce type de problème, nous devons être en mesure de faire :
- ➢ la comparaison d'une moyenne à un résultat théorique ;
- ➢ la comparaison d'une variance à un écart type théorique ;
- ➢ la comparaison d'une fréquence à une fréquence théorique.

Le test de comparaison permet de réaliser une comparaison entre la moyenne μ d'un échantillon et la valeur théorique de la moyenne. On considère que l'échantillon est prélevé dans une population dont l'écart type σ est connu.

VI-3-1 L'abattage :

Calcul de l'écart type et de la moyenne objectifs :

Comme l'objectif fixée au début de notre étude est d'atteindre **3sigma**.

On a la relation suivante : $\mathbf{n * \sigma = T}$

    n : le niveau sigma
    σ : L'écart type
    T : La tolérance
On a :
    $\sigma = T/n$
    $T = \pm 26s$ (la même tolérance calculée pour le calcul de la capabilité et la performance)
    $n = 3$ (l'objectif fixé de notre analyse)

D'où $\sigma = 52/3 = 0,28$ min

	Ecart type	Moyenne
Objectif	0,28	4,88
Réalisé	1,43	6,01

Graphe de la loi normale

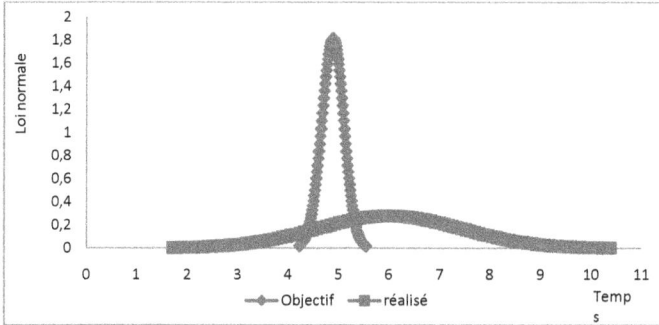

Figure 29 : La dispersion d'état réalisé par rapport à l'état objectif.

Le graphe ci-dessous présente une comparaison entre les probabilités

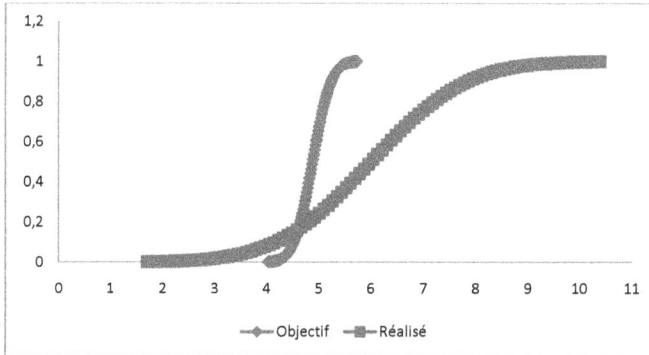

Figure 30 : La fonction de répartition

VI-3-2 La foration de l'avancement de la rampe

Calcul de l'écart type et de la moyenne objectifs :

Comme l'objectif fixée au début de notre étude est d'atteindre **3sigma**.

On a la relation suivante : $$n*\sigma = T$$

    n : le niveau sifma
    σ : L'écart type
    T : La tolérance
On a :
    $\sigma = T/n$
    $T = \pm 26s$ (la même tolérance calculée pour le calcul de la capabilité et la performance)
    $n = 3$ (l'objectif fixé de notre analyse)

D'où $\sigma = 52/3 = 0,28$ min

	moyenne	écart-type
objectif	4	0,28
réalisé	5,18	0,959

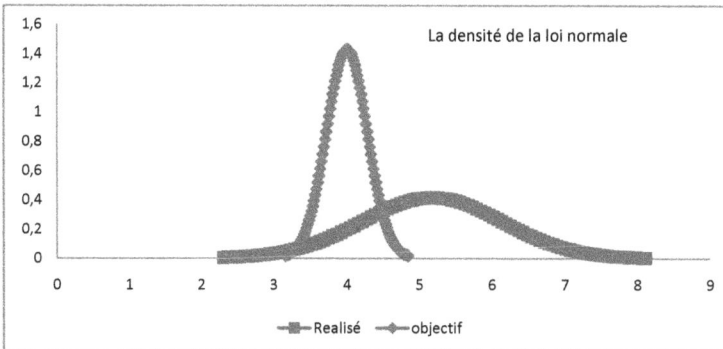

Figure 31 : La dispersion entre l'état réalisé et l'état objectif

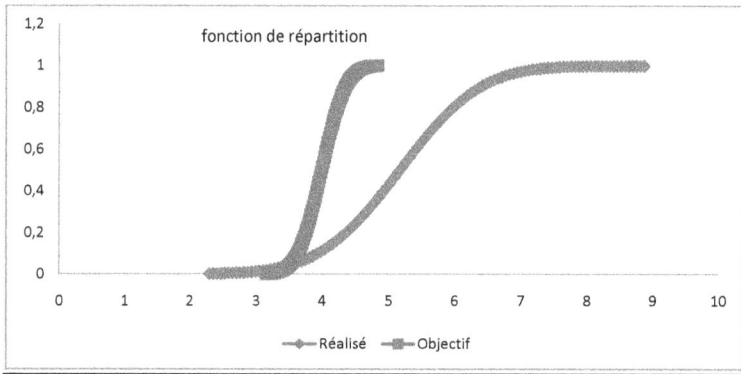

Figure 32 : La fonction de répartition

VI-3-3 L'extraction du minerai par Scoop 6t vers le jour :

Calcul de l'écart type et de la moyenne objectifs :

Comme l'objectif fixée au début de notre étude est d'atteindre **3sigma**.

On a la relation suivante : $n*\sigma = T$

  n : le niveau sifma
  σ : L'écart type
  T : La tolérance
On a :
   $\sigma = T/n$
   T = ± 3min30s (la même tolérance calculée pour le calcul de la capabilité et la performance)
   n = 3 (l'objectif fixé de notre analyse)

D'où $\sigma = 7/3 = 2,20$ min

		moyenne	Ecart type
Réalisé	second	1289,81	425,01
	min	21,50	7,08
Objectif	second	960	140,00
	min	16,00	1,60

Le graphe ci-dessous montre la dispersion de l'état actuel par rapport à l'état objectif d'extraction du minerai par Scoop.

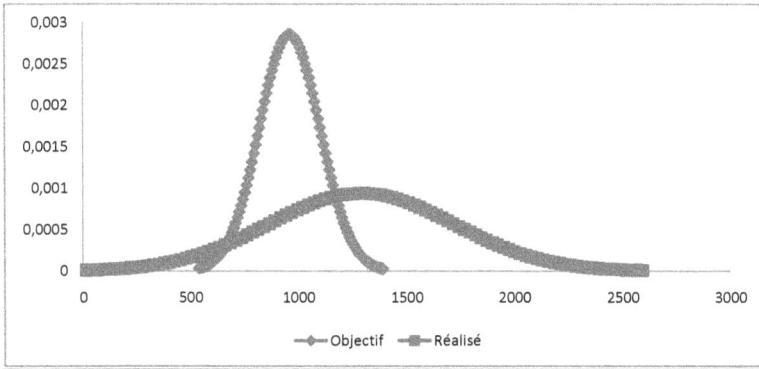

Figure 33 : La dispersion entre l'état réalisé et l'état objectif

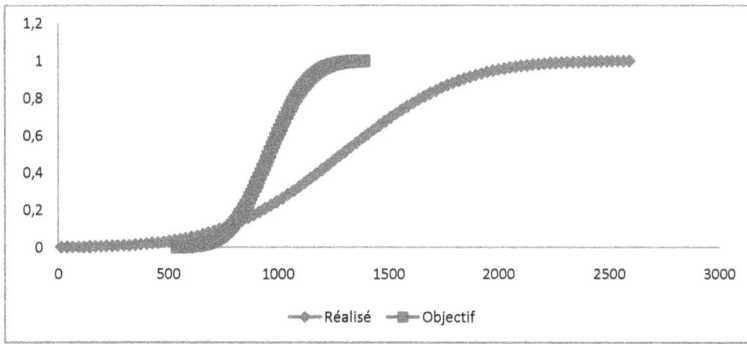

Figure 34 : La densité de probabilité

Le graphe ci-dessous montre la probabilité d'extraction du minerai en fonction du temps entre l'état actuel et l'état objectif, nous constatons qu'il y'a une dispersion assez large et un grand écart type entre les deux graphes ce qui montres que plusieurs paramètres affectent sur la productivité et le rendement.

VI-3-4 Le déblayage du stérile par Scoop 3t vers le stockage

Calcul de l'écart type et de la moyenne objectifs :

Comme l'objectif fixée au début de notre étude est d'atteindre **3sigma**.

On a la relation suivante : $n*\sigma = T$

    n : le niveau sigma

σ : L'écart type

T : La tolérance

On a :

$\sigma = T/n$

T = ± 53s (la même tolérance calculée pour le calcul de la capabilité et la performance)

n = 3 (l'objectif fixé de notre analyse)

D'où   σ = 35,33s min

	Ecart type	moyenne(s)	moyenne(min)
Objectif	35,33	265,09	4,41
Réalisé	104,31	370,76	6,18

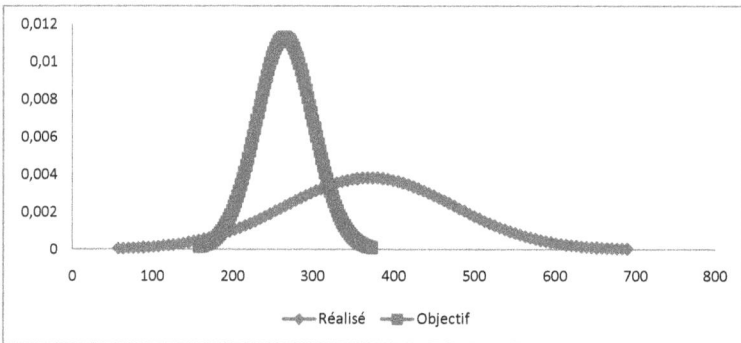

Figure 35 : La dispersion entre l'état réalisé et l'état objectif

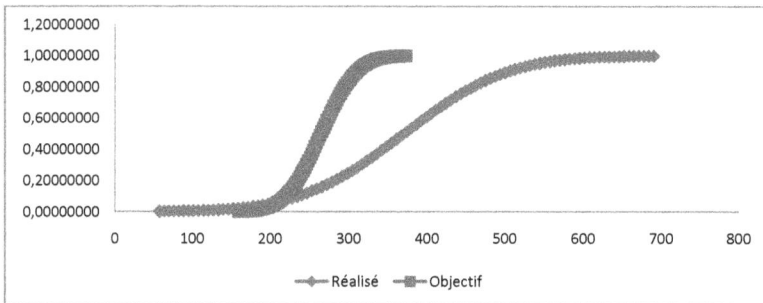

Figure 36 : La densité de probabilité

V-3-5 Remblayage :

Calcul de l'écart type et de la moyenne objectifs :

Comme l'objectif fixée au début de notre étude est d'atteindre **3sigma**.

On a la relation suivante : $$n^*\sigma = T$$

n : le niveau sigma
σ : L'écart type
T : La tolérance
On a :
σ = T/n
T = ± 35s (la même tolérance calculée pour le calcul de la capabilité et la performance)
n = 3 (l'objectif fixé de notre analyse)

D'où   σ = 23 s

	Ecart type	Moyenne
Réalisé	66,49	346,83
Objectif	23	289

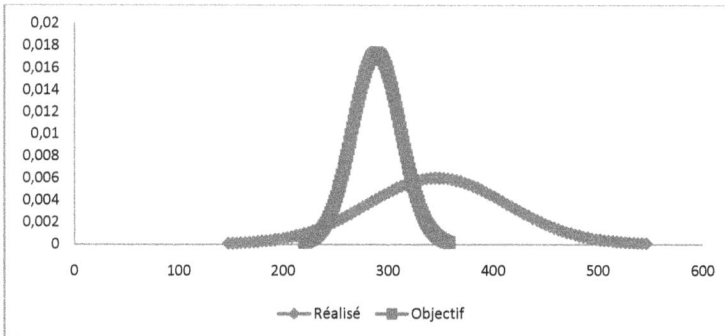

Figure 37 : La dispersion entre l'état réalisé et l'état objectif

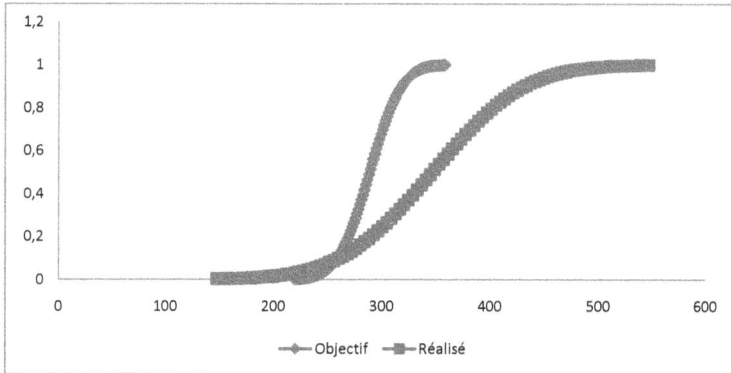

Figure 38 : La densité de probabilité

V-4 Calcul de niveau de qualité Sigma

❖ **Abattage du minerai**

<u>Réalisé :</u>

On a : σ=1,43min=1min25s.

T=±26s comme

D'après la relation suivante : $n*\sigma=T$ $\Rightarrow$ $n = T/\sigma = 52s/85s = 0,61$

❖ **Abattage de stérile**

<u>Réalisé :</u>

On a : σ=0,95min=57 s.

Prenons T=±30s comme une tolérance

D'après la relation suivante : $n*\sigma=T$ $\Rightarrow$ $n = T/\sigma = 52s/57s = 0,90$

❖ **Déblayage de minerai**

<u>Réalisé :</u>

On a : σ=7,08min=424,08s.

Prenons T=±210s comme une tolérance

D'après la relation suivante : $n*\sigma=T \Rightarrow n = T/\sigma = 420s/424s = 0,98$

❖ **Déblayage stérile**

<u>Réalisé :</u>

On a : $\sigma=1,73min=78$ s.

Prenons T=±30s comme une tolérance

D'après la relation suivante : $n*\sigma=T \Rightarrow n = T/\sigma = 52s/78s = 0,70$

❖ **Remblayage**

<u>Réalisé :</u>

On a : $\sigma=1,1min=66$ s.

Prenons T=±35s comme une tolérance

D'après la relation suivante : $n*\sigma=T \Rightarrow n = T/\sigma = 70s/66s = 1,06$

Nous constatons que dans l'état réalisé actuellement pour les différentes étapes de cycle de production, nous ne pouvons pas atteindre que $1,06\sigma$ comme valeur maximale (remblayage) alors que le but de la méthode et de réduire l'erreur afin d'atteindre 6σ après l'amélioration, c'est parce que nous avons fixé 3σ comme premier objectif de l'étude.

V-5 Synthèse du niveau de qualité de cycle de production :

	Ecart-type(min)		Moyenne(min)		Niveau de σ
	Réalisé	Objectif	Réalisé	Objectif	
Abattage minerai	1,43	0,28	6,01	4,88	**0,61**
Déblayage minerai	7,08	2,33	21,50	14	**0,98**
Abattage stérile	0,95	0,28	5,18	4	**0,90**
Déblayage stérile	1,73	0,58	6,18	4,50	**1,01**
Remblayage	1,1	0,38	5,76	4,80	**1,06**

Tableau 18 : Synthèse de la méthode d'exploitation

Nous constatons que le niveau de qualité σ actuel ne dépasse pas 1,06 sigma (Remblayage) alors que le but de l'étude est d'atteindre le niveau 3 sigma ; ce qui nécessite une amélioration profonde pour les anomalies perturbantes le cycle de production.

VI-6 Analyse Pareto des anomalies :

Le tableau suivant résume les différentes anomalies perturbant le cycle de production :

Anomalies	n°	fréquence	Apport	Cumulé
Venues d'eaux	1	13	22,41	22,41
Manque d'air comprimé	2	11	18,97	41,38
Panne de marteau	3	9	15,52	56,90
Problèmes d'aérage	4	6	10,34	67,24
Panne de la pompe	5	4	6,90	74,14
Panne de scoop	6	4	6,90	81,03
Coupure d'électricité	7	3	5,17	86,21
Panne de compresseur	8	3	5,17	91,38
Rupture de vannes	9	2	3,45	94,83
Manque d'eaux	10	1	1,72	96,55
Fuite d'air comprimé	11	1	1,72	98,28
Non respect du mode opératoire	12	1	1,72	100,00

Tableau 19 : Analyse Pareto des anomalies

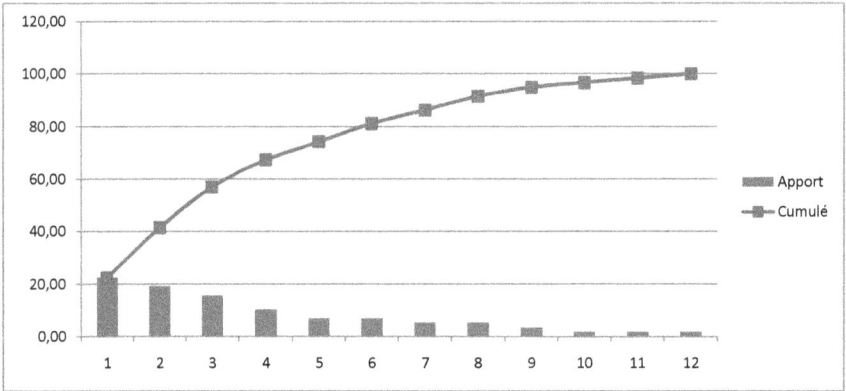

Amélioration du cycle de production en appliquant la démarche Six Sigma à la mine de Draa Sfar Nord

Figure 39 : Diagramme Pareto des anomalies

D'après le diagramme,50% de problème sont générés par les anomalies de la classe b et qui sont :

> Les venues d'eaux

> Le manque d'air comprimé

> La panne de marteau

> Les problèmes d'aérage

> La panne de Scoop

> La panne des pompes

VII- Améliorer : Proposition des améliorations & des innovations

VII-1 Schéma de sautage :

VII-1-1 Schéma de tir actuel :

Le schéma de tir actuel n'est pas stable ; la banquette varie de 75cm à 1m , la même chose pour l'espacement. Pour le nombre de trous il varie de 13 à 20 trous pour un gradin de 3m de hauteur et 4m de largeur. Le trou à une profondeur de 2,20m et un diamètre égale 38mm.

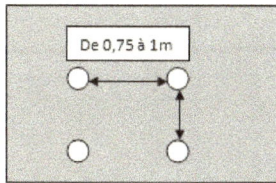

Figure VII-1 Schéma de tir actuel

L'explosif utilisé actuellement est Sigma.

VII-1-2 Amélioration de schéma de tir existant :

Le tableau ci-dessous présente le rapport entre la maille et la charge linéaire

Rapport de maille et charge linéaire						
Type de mines	Banquette (m) B= banquette théorique	Espacement (m)	haut. Charge de pied (m)	Charge linéaire (kg/m)		Bourrage final
				pied	colon.	
radier	1 B	1,1B	1/3 H	L_b	1 L_b	0,2 B
Profil						
parements	0,9 B	1,1B	1/6 H	L_b	0,4 L_b	0,5 B
couronne	0,9 B	1,1B	1/6 H	L_b	0,3 L_b	0,5 B
Abattage						
vers le bas	1 B	1,1B	1/3 H	L_b	0,5 L_b	0,5 B
horizontal	1 B	1,1B	1/3 H	L_b	0,5 L_b	0,5 B
relevage	1 B	1,2B	1/3 H	L_b	0,5 L_b	0,5 B

VII-1-2-1 Banquette :

Calcul de la charge linéaire

On a :   Lb=1,44/1,8 = $0,8kg/m$.

BANQUETTE / CHARGE LINEAIRE

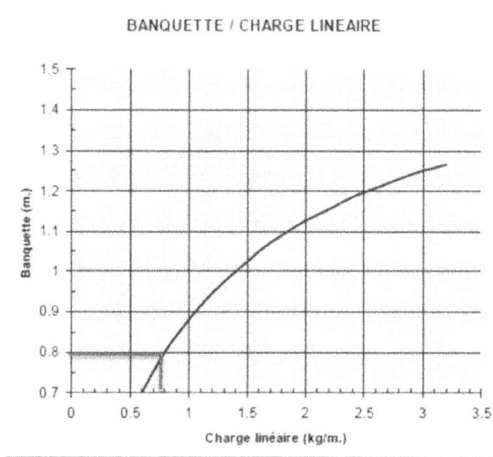

Figure 40 : Banquette en fonction de la charge linéaire

D'après Le graphe ci-dessus on a **B=0,8**

VII-1-2-2 Espacement :
  L'espacement est exprimé par la relation suivante :

$$E=K_s * B$$

E : Espacement

Ks : Facteur de l'espacement entre 1 et 1,3

B : Banquette

$$E= 1,1*0,8 = 0,9m.$$

VII-1-2-3 Bourrage final :

Le bourrage final est exprimé par la relation suivante :

$$B_F = 0,5 * B$$

B_F : Bourrage final

B : Banquette

AN : $B_F = 0,40m$

Le schéma de tir proposé :

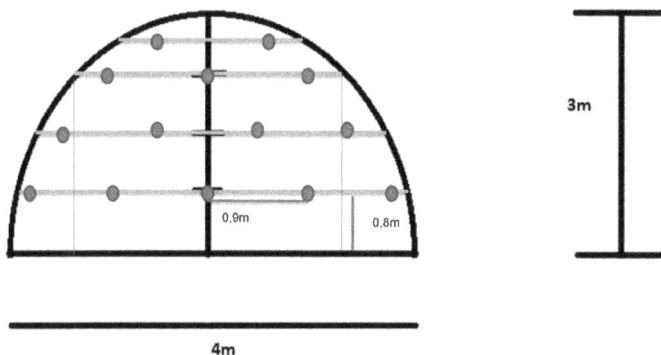

Figure 41 : Schéma de tir amélioré

VII-2 Amélioration de cycle de roulage de puits d'extraction :

VII-2-1 Mettre en place d'un système d'aiguillage :

Le but de cette amélioration est d'augmenter le nombre de wagons du minerai extrait dans le puits par un système d'aiguillage

- ❖ Au lieu d'un seul wagon on aura trois wagons
- ❖ La durée d'un wagon sera 4min au lieu de 8min
- ❖ La productivité sera 15w/h au lieu de 7w/h

La productivité mensuelle avec un wagon est : 4200t/mois, à l'aide de cette amélioration la productivité mensuelle sera **15750t/mois** si l'exploitation se fait juste en deux postes.

VI-2-2 Le système d'aiguillage proposé :

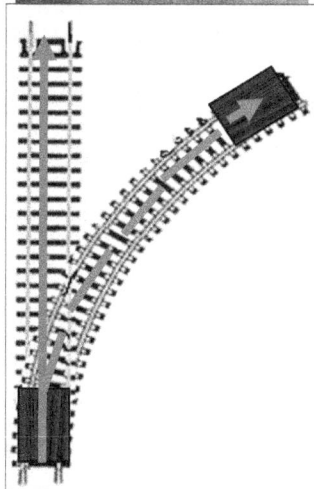

Figure 42 : Système d'aiguillage

Le même système d'aiguillage proposé dans le jour est proposé au fond. Ce système va nous permettre d'avoir le premier wagon en cours de chargement, le deuxième est monté vers le jour et le troisième en cours de déchargement.

VII-3 Amélioration de schéma d'aérage :

L'air atmosphérique, circulant à travers les ouvrages souterrains, subit une suite de changement chimique et physique. Les gaz qui prennent naissance dans les mines sont très différents : Le méthane(CH_4), le gaz carbonique(CO_2), l'hydrogène sulfuré (H_2S), le gaz sulfureux(SO_2).En cours des travaux à l'explosif, il se forme l'oxyde d'azote(NO) et l'oxyde de Carbonne (CO). La teneur en oxygène dans la mine diminue à la suite de la respiration des hommes, de la combustion des lampes.

Le projet d'aérage des mines doit comprendre :

- ❖ Le calcul de la quantité d'air nécessaire pour la ventilation ;
- ❖ Le schéma d'aérage et le choix de l'emplacement du ventilateur
- ❖ La répartition d'air suivant les galeries et les fronts de taille ;
- ❖ Le calcul de la dépression totale de la mine
- ❖ Le choix du ventilateur

A l'aide de logiciel **VINETPC** nous avons fait une étude du projet complet et de besoin d'air frais d'aérage.

Selon le nombre des engins de la mine nous avons calculé le débit sortant dans la mine qui vaut $46,08m^3$/min selon l'estimation des besoins on a opté d'après la simulation sous le logiciel les débits sont répartit comme suit : $11,62m^3$/min, 12,53m3/min, 21,94m3/min respectivement dans la cheminée 1, cheminée 2 et la descenderie.

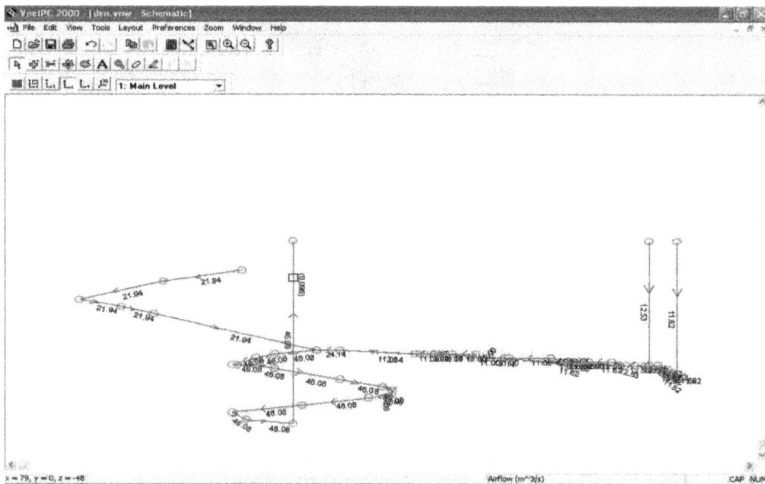

Figure 43 : Vue verticale de schéma d'aérage

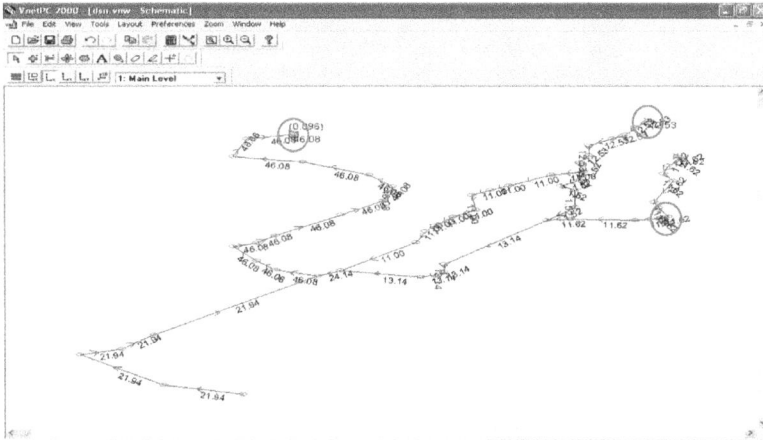

Figure 44 : Vue plan de schéma d'aérage

L'air naturel sera rentré via Trois accès la descenderie et deux cheminées qui seront creusées.

La sortie de l'air sera via une cheminée à l'aide d'un ventilateur aspirant.

VII-4 Equipements :

Les pannes des engins perturbent souvent la production c'est parce que il faut penser à des améliorations et des solutions convenable au type de problèmes rencontrés. La photo ci-dessous présente un exemple des engins étudié.

Caractéristiques :

- Poids : 23 Kg
- Pression nominale : 5.5 Bars
- Hauteur totale : 680 mm
- Largeur : 240/500 mm
- Consommation (air libre) : 3600 L/min
- Consommation de l'injection d'air : 300 L/min
- Consommation de l'injection d'eau : 7 L/min

Figure 45 : Marteau Montabert T23

✓ Prévoir des marteaux en Stand-by au cas où le marteau tombe en panne.
✓ Programmer un plan de maintenance préventif
✓ Installation d'un atelier mécanique ➔ réduire le temps de la mise en charge

VII-5 Air Comprimé

Accélérer le déploiement de l'air comprimé selon l'étude suivante, elle a pour objectif le dimensionnement du réseau de l'air comprimé qui est une prolongation du gisement préalablement exploité au bloque sud. Un outil Excel a été développé pour estimer les pertes de charges occasionnées par l'écoulement d'un débit donné à travers une section choisie sur une longueur donné

VII-5-1 SCHEMA DE DECOUPAGE

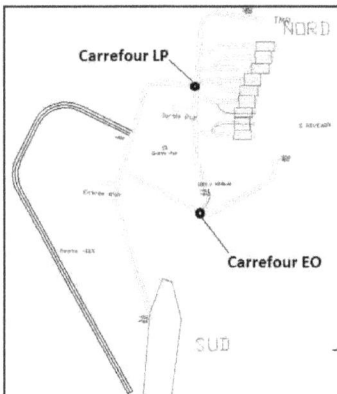

Figure VII-6   Niveau 30

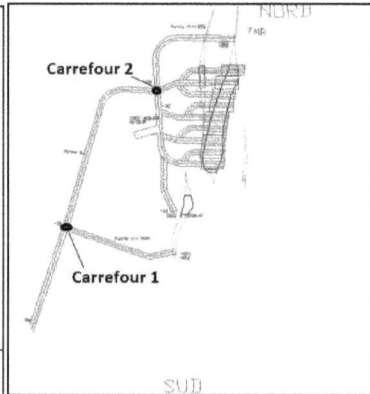

Figure VII-7   Niveau 50

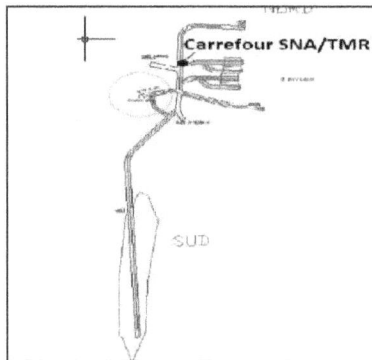

Figure VII-8   Niveau 75

Le tableau ci-dessous présente une étude de projet complet de DRAA SFAR Nord selon le besoin en air comprimé de tous les engins en besoin.

Besoin en foration					
	Marteau T23	Marteau T28	Jumbo	Simba	Pompe Pneumatique
N 35	2				
N 50	2	1	1	1	1
N 75	2				
Rampe	1				
Global	7	1	1	1	1

Tableau 20 : Besoin en foration

Le besoin actuel est à titre indicatif est pourrait tout à fait augmenter en fonction de la cadence des équipements, dans ce cas le besoin doit-être réévalué.

Le tableau de la page suivante présente le besoin en engin de Draa Sfar Nord et le débit de pointe qui vaut 68,5m3/min.

Ce débit est calculé par un fichier Excel qui englobe tout les engins de la mine

Machine\temps	Débit	Nombre	20	40	60	80	100	120	140 160	180	200	220	240	260	280	300	320	340	360	380	400	420	440	460	480	500	520	540	560	580	600	620	640	660
Marteau T23	3,6	7	0	0	0	0	0	0	1	1	1	1	1	1	1	1	1	1	1	1	0	0	0	0	0	0	0	0	0	0	0	0	0
Marteau T28(Sondeuse)	7,2	1	0	0	1	1	1	1	1	1	1	1	1	1	1	1	1	1	1	0	1	0	1	1	1	0	0	0	0	0	0	0	0
guniteuse ALIVA	14,4	1	0	0	0	0	1	1	1	1	1	1	1	1	1	1	1	1	1	1	1	1	1	1	1	1	1	1	1	1	1	1	1
soufflage des mines et chargement	5,7	1	0	0	0	0	0	0	0	0	0	0	0	0	0	0	0	0	0	0	0	0	0	0	0	0	0	0	0	0	0	0	0
Vérin	7,2	1	0	0	0	0	0	0	1	0	0	0	0	0	0	0	0	0	0	0	0	0	0	0	0	0	0	0	0	0	0	0	0
Pompe pneumatique	3,6	1	0	0	0	0	0	0	0	0	0	0	0	0	0	0	0	0	0	0	0	0	0	0	0	0	0	0	0	0	0	0	0
pompe pneumatique (à graisse et à huile)	0,4	2	1	1	1	1	1	1	1	1	1	1	1	1	1	1	1	1	1	1	1	1	1	1	1	1	1	1	1	1	1	1	1
Pompe pneumatique	3,6	1	0	0	0	0	0	0	0	0	0	0	0	0	0	0	0	0	0	0	0	0	0	0	0	0	0	0	0	0	0	0	0
Alimak	14,4	0	0	0	0	0	0	0	0	0	0	0	0	0	0	0	0	0	0	0	0	0	0	0	0	0	0	0	0	0	0	0	0
palan pneumatique	0,9	0	0	0	0	0	0	0	0	0	0	0	0	0	0	0	0	0	0	0	0	0	0	0	0	0	0	0	0	0	0	0	0
Total avec majoration à 25%			1,0	1,0	10,0	10,0	28,0	59,5	59,5 59,5	68,5	59,5	59,5	64,0	64,0	64,0	64,0	64,0	64,0	55,0	64,0	55,0	32,5	32,5	32,5	64,0	64,0	64,0	64,0	64,0	64,0	64,0	64,0	64,0

Débit de pointe DSN	m3/min	**68,5**

Tableau 21 : le débit de pointe

VII-5-2 Devis d'installation des conduites D'air comprimé Draa Sfar Nord

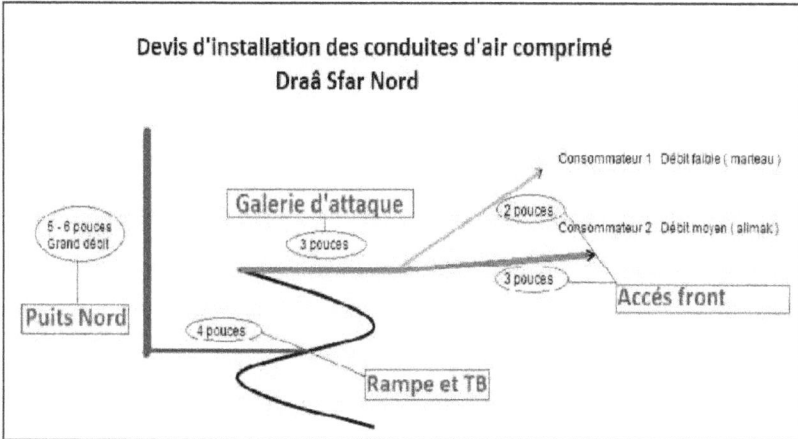

Figure 46 : Devis de l'installation des conduites D'AC

VII-5-3 DIMENSIONNEMENT DE LA CITERNE

Le dimensionnement de la citerne dépend du débit de pointe, du temps de pointe ainsi que des pressions min et max. Pour le débit de pointe, nous nous sommes basés sur les cycles de fonctionnement effectués au bloc sud.

$$Vr=(Qp-Qc)*Tp/(Pmax-Pmin)$$

Le tableau suivant récapitule le résultat trouvé selon trois scénarios :

➔ Scénario 1 : Un compresseur avec un débit de $26m^3$./min
➔ Scénario 1 : Deux compresseurs avec un débit égale $26m^3$./min le deuxième à un débit égale $26m^3$./min
➔ Scénario 1 : Deux compresseurs le premier à un débit égale $26m^3$./min le deuxième à un débit
égale $15m^3$./min

	DSN	DSN	DSN
Le débit de pointe en m3/min ;	68,5	68,5	68,5
Le débit des compresseurs en m3/min ;	26	52	41
Le temps de pointe en min.(majoré 15%)	0,3795	0,3795	0,3795
Pression max	7	7	7
Pression min	6	6	6
Le volume du réservoir en m3 ;	**16,12**	**6,26**	**10,43**
Scénario	**Sc1**	**Sc2**	**Sc3**

Tableau 22 : Scénarios proposés

Il est également indispensable de créer un programme de prévention des fuites qui va comprendre les éléments suivants :
- → L'identification ;
- → Le suivi ;
- → La réparation ;
- → La vérification ;
- → La formation et la participation des employés.

Ce programme de prévention des fuites doit faire partie d'un programme global visant à améliorer la performance des systèmes d'air comprimé, une fois les fuites sont détectées et réparées, le système doit être réévalué.

VII-6 L'exhaure :

La pénétration de l'eau dans la mine a plusieurs causes. D'une part, au cours de l'exécution des travaux, on est amené à traverser les horizons aquifères, qui occasionnent des venues d'eau plus au mois abondantes. D'autre part, les fissures se formant dans des terrains exploitants à la suite du foudroyage des espaces exploités peuvent servir de voies de pénétration de l'eau dans la mine. L'eau peut pénétrer dans la mine venant de la surface à travers les affleurements ou les fissures des terrains comme le cas de Draa sfar Nord.

Les eaux des mines se distinguent par une grande variété de composition chimique. Elles ne sont pas potable et souvent impropres pour les usages techniques, c'est parce que il faut débarrasser de l'eau sans influencer sur la nature.

Le problème des infiltrations d'eau est considérer comme un grand obstacle de la production, c'est parce que nous opter à suivre le plan suivant pour mettre fin à ce problème.

Les problèmes de l'exhaure comportent :

- ✓ La protection des travaux souterrains contre leur envahissement par les eaux de surface
- ✓ La protection des travaux souterrains contre les brusques irruptions d'eau
- ✓ Les pompages des eaux d'exhaure hors de la mine.

La photo ci-dessous présente le schéma d'exhaure proposé :

- ✓ Améliorer l'autonomie de la recoupe 18 KW
- ✓ Creusement d'un albraque au niveau 75

La mise en place de la pompe KSB120 /100m de profondeur dans l'albraque 75

Les albraques représentent des réservoirs creusés, leurs capacités est telle qu'ils puissent emmagasiner l'eau venant normalement pendant 8heures ce qui assure à la pompe un travail normal pendant un temps assez long et, d'un autre coté, crée les conditions de sécurité aussi bien dans le cas d'une avarie ou d'une panne des pompes.

Les eaux de mine sont habituellement polluées et contiennent, en suspension, des boues ou de menus fragment de roches, c'est pourquoi l'albraque sert également pour la décantation des eaux.

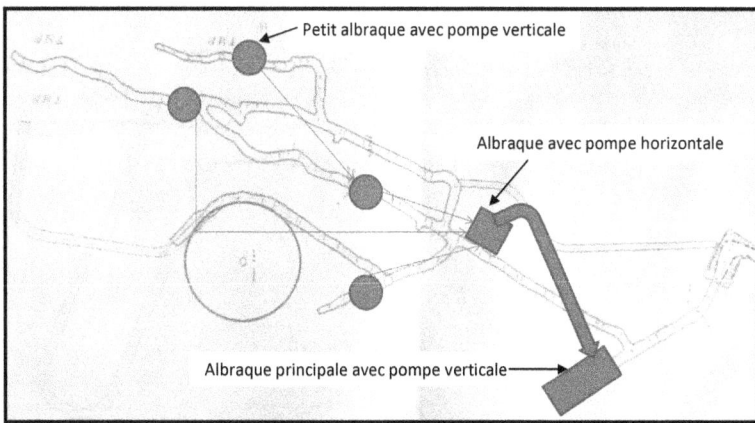

Figure 47 : Schéma d'exhaure proposé

VIII- Contrôler : Déploiement des outils de contrôle

VIII-1 Introduction

L'ensemble des étapes « Définir », « Mesurer », « Analyser », « Innover/améliorer » a permis de fournir une solution afin d'améliorer le n du processus. Cette cinquième étape a pour objectif de se donner les moyens de mettre sous contrôle le processus afin de s'assurer de la stabilité de la solution trouvée. Le point essentiel dans cette étape est la mise sous contrôle du procédé.

Pour cela, il faut :
- ✓ valider les spécifications ;
- ✓ formaliser les modes opératoires ;
- ✓ surveiller que le processus ne dérive pas en appliquant les méthodes de la maîtrise statistique des processus.

L'aspect le plus important dans cette étape est de mettre le processus sous contrôle, ce qui n'est pas le cas vue la durée consacrée à ce projet (en comparaison avec la durée nécessaire de l'application des solutions).
Dans ce chapitre nous détaillerons un outil de contrôle que nous avons mis en place sous forme d'une application Visual Basique qui permet de garantir si le maintien du niveau de qualité va atteindre l'objectif fixé, via le calcul de la capabilité et la performance du processus.

VIII-2 Outil de contrôle :

Le but de l'application est d'aider à avoir une planification selon les données d'entrées représentées ci-dessous pour toutes les étapes de cycle de production suivant les rendements donnés (rendement de Scoop, longueur de foration).

Puisque la capabilité et la performance sont deux indicateurs cruciaux sur lesquels se base la méthode six Sigma. L'application qu'on a proposée nous permet de calculer la capabilité et la performance du processus de production, en se basant sur le tonnage le nombre de trou réalisés dans une durée précise pour la foration, et sur le nombre de wagons réalisé pour déblayage.

L'application nous permet aussi de calculer la productivité de la mine dans le cas ou

VIII-2-1   Données d'entrées d'abattage de minerai :

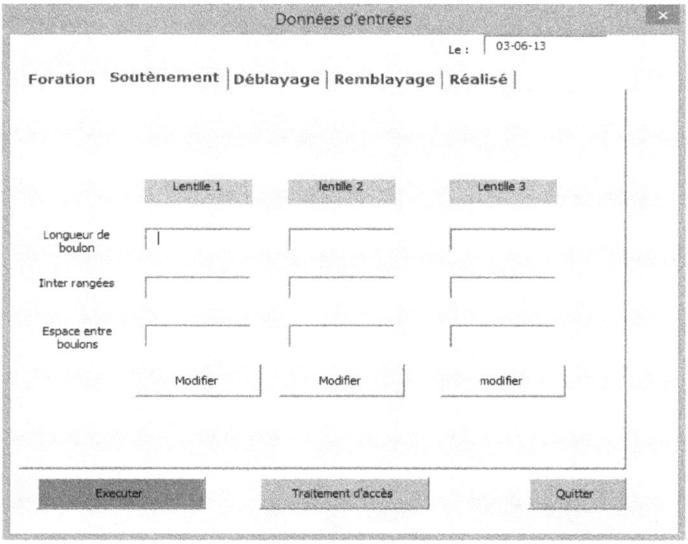
Données d'entrées
Le : 03-06-13
Foration
Soutènement
Déblayage
Remblayage
Réalisé
Lentille 1
lentille 2
Lentille 3
Longueur de boulon
Iinter rangées
Espace entre boulons
Modifier
Modifier
modifier
Executer
Traitement d'accès
Quitter

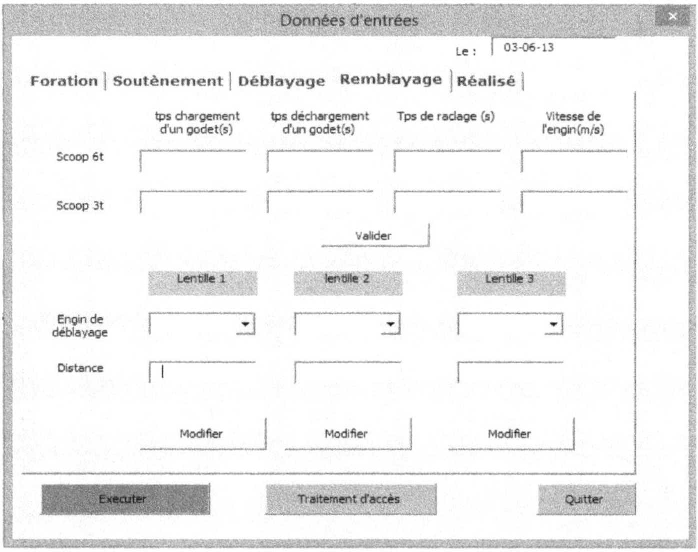
Données d'entrées
Le : 03-06-13
Foration
Soutènement
Déblayage
Remblayage
Réalisé
tps chargement d'un godet(s)
tps déchargement d'un godet(s)
Tps de raclage (s)
Vitesse de l'engin(m/s)
Scoop 6t
Scoop 3t
Valider
Lentille 1
lentille 2
Lentille 3
Engin de déblayage
Distance
Modifier
Modifier
Modifier
Executer
Traitement d'accès
Quitter

VIII-2-2   Données d'entrées d'abattage de traitement d'accès :

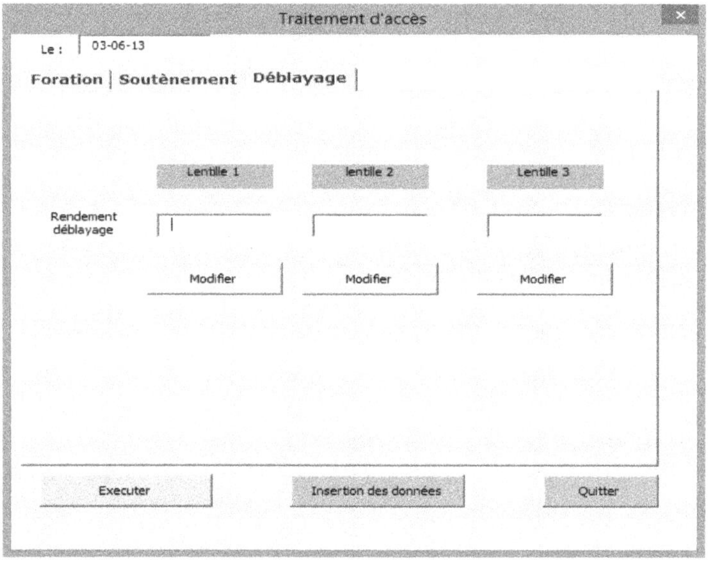
Traitement d'accès
Le : 03-06-13
Foration
Soutènement
Déblayage
Lentille 1
lentille 2
Lentille 3
Rendement déblayage
Modifier
Modifier
Modifier
Executer
Insertion des données
Quitter

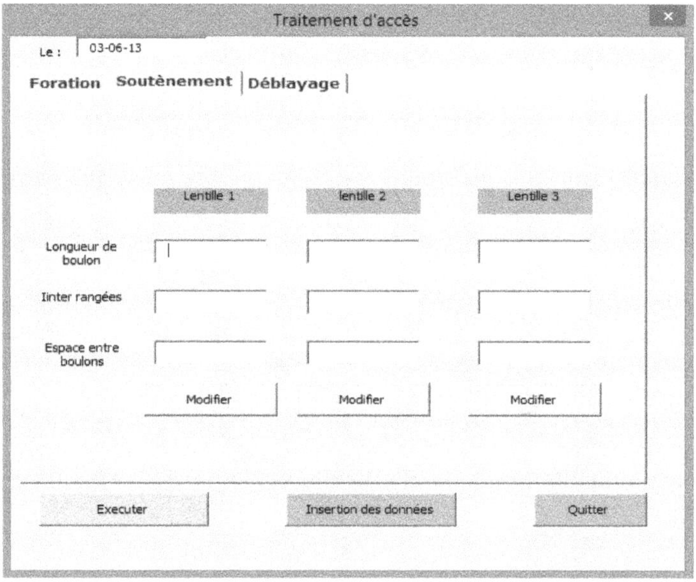
Traitement d'accès
Le : 03-06-13
Foration
Soutènement
Déblayage
Lentille 1
lentille 2
Lentille 3
Longueur de boulon
Iinter rangées
Espace entre boulons
Modifier
Modifier
Modifier
Executer
Insertion des données
Quitter

VIII-2-3 Résultat obtenu :

Résultats

Le : 03-06-13

| Foration | Soutènement | Déblayage | Remblayage | Planifié#Réalisé | Traitement d'accès |

| | Lentille 1 | lentille 2 | Lentille 3 |

Rendement de déblayage

Fonctionnement

Poste déblayage

Abattage — Traitement d'accès — Quitter

Résultats

Le : 03-06-13

| Foration | Soutènement | Déblayage | Remblayage | Planifié#Réalisé | Traitement d'accès |

| | Lentille 1 | lentille 2 | Lentille 3 |

Rendement de remblayage

Fonctionnement

Poste remblayage

Abattage — Traitement d'accès — Quitter

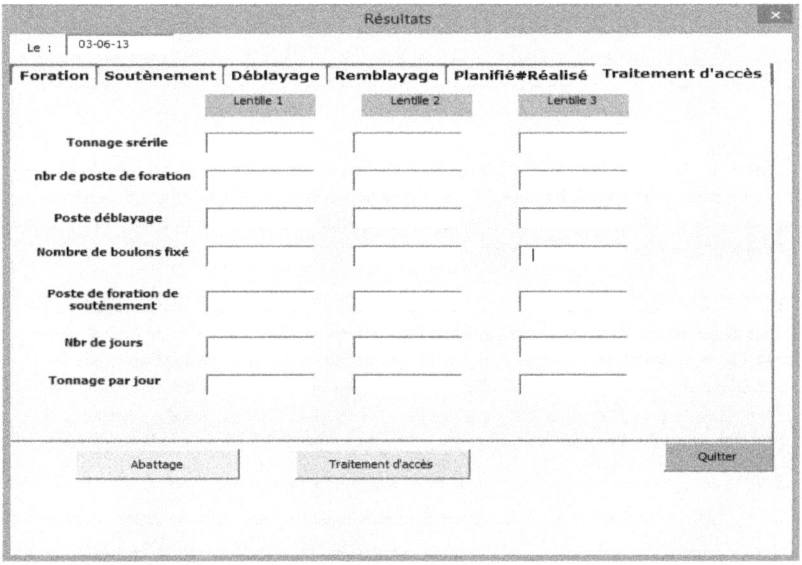
Résultats
Le : 03-06-13
Foration
Soutènement
Déblayage
Remblayage
Planifié#Réalisé
Traitement d'accès
Lentille 1
Lentille 2
Lentille 3
Tonnage srérile
nbr de poste de foration
Poste déblayage
Nombre de boulons fixé
Poste de foration de soutènement
Nbr de jours
Tonnage par jour
Abattage
Traitement d'accès
Quitter

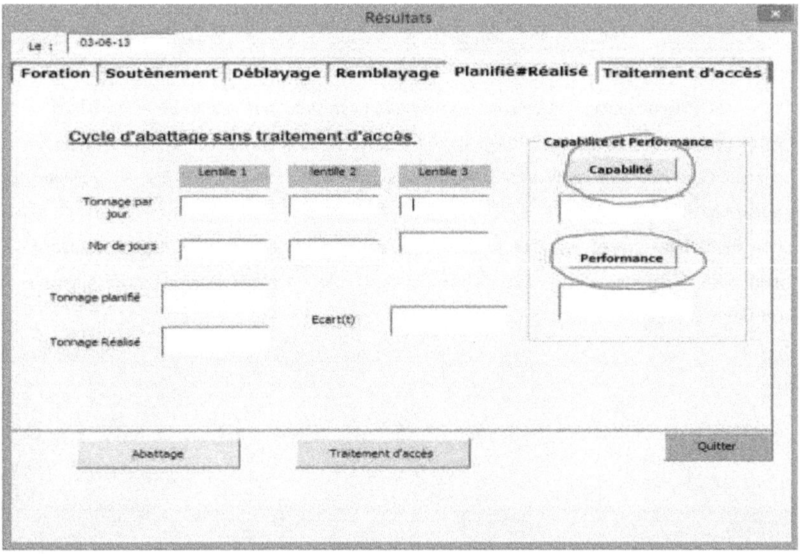
Résultats
Le : 03-06-13
Foration
Soutènement
Déblayage
Remblayage
Planifié#Réalisé
Traitement d'accès
Cycle d'abattage sans traitement d'accès
Capabilité et Performance
Capabilité
Performance
Lentille 1
lentille 2
Lentille 3
Tonnage par jour
Nbr de jours
Tonnage planifié
Tonnage Réalisé
Ecart(t)
Abattage
Traitement d'accès
Quitter

Conclusion générale

L'objectif de ce travail était l'amélioration du cycle de production, Abattage, Déblayage, Soutènement, Extraction et Remblayage de la mine polymétallique de Draâ Sfar Nord en s'inspirant de la méthodologie DMAIC de la démarche six sigma tout en testant sa faisabilité dans la mine de Draâ Sfar et dans les mines en général.

Dans ce cadre nous avons suivi cette méthodologie tout en essayant de la comprendre. D'abord, nous avons essayé, à travers des méthodes de management de qualité à savoir : le Brainstorming, 5M, QQOQC de dégager au maximum possible les problèmes qui affectent la productivité de la mine, la qualité de minerai et le coût. Ensuite, nous avons mesuré l'impact des différents problèmes sur le cycle de production. A travers le diagramme de PARETO, nous avons sélectionné les problèmes majeurs selon la règle: 20 % des problèmes engendrent 80 % de l'effet global.

Enfin, nous avons proposé des solutions pour remédier à ces problèmes à savoir :

- ✓ L'air comprimé : Nous avons étudié la faisabilité de trois scénarios de la production de l'air comprimé selon le besoin, et nous proposons le scénario3 vu la disponibilité d'un compresseur supplémentaire de débit 15m3/min.
- ✓ l'aérage : Nous avons proposé le creusement de trois cheminées, deux pour l'entrée de
- ✓ l'exhaure : Améliorer l'autonomie de la recoupe 18 KW et Creusement d'un albraque au niveau 75.
- ✓ Schéma de sautage : Améliorer le schéma de tir existant (nouvelle maille 0,8m*0,9m)

Nous pouvons conclure que la méthode six sigma est faisable dans le cycle de production à condition qu'elle soit appliquée à ses sous-processus Abattage, Déblayage, Remblayage, Soutènement et Extraction.

Pour finir, nous proposons, pour le suivi et le contrôle des processus la mise en place d'une application VBA qui nous permet la planification et le calcul de la productivité ainsi que la capabilité et la performance des processus.

BIBLIOGRAPHIE

[1] Pr J.D KISSAI; *méthodes d'exploitation*; 2012 ; ENIM

[2] B .ADIL et M.AJMANI ; *Développement de l'aval de la mine de Draâ Sfar* ; 2012 ; PFE, ENIM

[3] Y .ES-SEBAY et S.ELASRI ; *Etude et proposition d'amélioration de la méthode d'exploitation par TMR appliquée au siège d'Ighram Aoussar ;* 2009 ; PFE, ENIM

[4] Carolina Fréchet ; *Mettre en œuvre le six sigma* ; Edition d'organisation 2005 ; 1, rue Thénard 75240 Paris Cedex 05

[5] Faiçal AIT LAHBIB ; *Référentiel des méthodes essentielles à la conduite, l'application et la réussite du projet six sigma* ; Draâ Sfar

[6] Maurice PILLET ; *six sigma comment l'appliquer* ;   Edition d'organisation 2004 ; 1, rue Thénard 75240 Paris Cedex O5

[7] M.HAMYANE ; *Master en gites minéraux et métallogénie ; Contribution à l'étude pétrographique, métallo génique et structural   de Draa Sfar nord (sidi m'barek) (Jebilet central, Maroc hercynien)* Maroc ; 2011 ; Université CADI AYYAD, faculté des sciences et techniques

[8] STEFAN PLANETA; *Détermination Exploitation souterraine ; Faculté des sciences et de génie departement de genie des mines, de la métallurgie et des matériaux;* Université Laval ; Édition Automne 2009

[9] M.S. Jean-Paul ; *6 Sigma, une nouvelle approche de réduction des pertes*;

[10] M.B. BOKY ; *Exploitation des mines*; Édition MIR Moscou 1968

Annexe A :

Le suivi de l'opérateur de foration :

Temps de foration des trous de gradin (min) :							
1	2	3	4	5	6	7	8
5	7,3	4,47	4,86	5,6	5,34	4,12	4,57
6,44	5,26	6,5	5,02	6,19	5,2	5,02	6,19
6,5	5,54	6	6,5	4,5	7	8	4,5
5,28	6,54	6,1	5,5	7	7,39	6	4,4
6	4,57	5,5	4,46	5,51	7,06	4,46	5,51
5	6,19	4,17	3,07	4,46	6,54	6,5	6,5
7,5	4,5	5,06	4,25	6,2	6,2	4,25	6
5,5	4,4	6	5,17	4,25	4	3,38	4,17
4,24	5,51	4,07	4,12	5,17	5	4,24	5,06
4,7	5,21	5,06	6	4,12	4,17	6	7
7	6,49	5,34	4,32	6,3	5,06	7	4,07
6,5	6,5	5,2	3,5	6,2	6,5	7,39	5,02
6	7,39	6,4	4,27	5,45	4,07	7,06	5
5,4	7,06	5,6	4,23	6	5,06	6,54	6
5,1		7,5		7	6,5	6	6,19
5,3		6		5,5	5,12	4,25	7
5,17				7			6,5
4,12				4,25			6,54
				5,17			6,2
				4,12			
moyenne (min):			6				
Ecart type à court terme (min):			0,625				
Ecart type à long terme (min):			1,43				

		Foration de gradin				foration de front d'avancement				
Tâches (min)	1	2	3	4	Moyenne(min)	1	2	3	4	Moyenne(min)
Transport (vestiaire-chantier)	16	17	20	22	18,75	16	17	20	22	18,75
répartition des taches	10	15,4	22,4	18	16,45	15	11	12	13	12,75

descente au chantier	7	7,5	8	10	8,125	5	5,4	5,3	5	5,175
purge	34	26	32	25	29,25	24	20	30,4	15,3	22,425
préparation du matériel	15	27	22	30	23,5	12	18	15	20	16,25
foration des trous de boulons	32	40	30	49	37,75	0	0	0	0	0
foration des trous de tir	61,15	95,43	64,13	69,18	72,47	169	173,5	175,1	178,15	173,94
déplacement marteau	20	12	19,18	19,5	17,67	19	10	13,4	25,4	16,95
arrêt	33	27,18	25,9	40	31,52	30	27	15,36	17,4	22,44
préparation d'explosifs	20	17	26	19	20,5	22	19	25,4	28	23,6
soufflage	14	15	17,57	20	16,64	28	19	20	14	20,25
chargement	42,2	50	35	44,1	42,83	38	45	40,5	35	39,625
Liaison des lignes de courant	20	22	14	17	18,25	27	20	19	25,8	22,95
dégagement du matériel	22	17	27	20	21,5	20	18	15	22,4	18,85
sortie de la mine +tir	31,45	33,6	32	29,5	31,64	20	29	30	25	26
temps mort	102,2	57,89	84,82	47,72	73,16	35	48,1	43,54	33,55	40,05
temps total	480	480	480	480	480	480	480	480	480	480

Le Suivi de l'opérateur de déblayage de minerai vers le jour :

chargement(s)	Roulage		déchargement(s)	Arrêt(s)	cycle sans arrêt		cycle avec arrêt	
	aller(s)	retour(s)			cycle(s)	cycle(min)	cycle(s)	Cycle(min)
135	430	438	15	1050	1018	16,97	2068	34,47
131	480	440	15	900	1066	17,77	1966	32,77
133	422	446	18	180	1019	16,98	1199	19,98
120	415	480	20	900	1035	17,25	1935	32,25
144	400	460	22	69	1026	17,10	1095	18,25
150	422	477	20	130	1069	17,82	1199	19,98
142	412	439	25	180	1018	16,97	1198	19,97
150	409	444	24	60	1027	17,12	1087	18,12
110	365	420	25	45	920	15,33	965	16,08
100	362	480	45	540	987	16,45	1527	25,45
170	400	440	40	690	1050	17,50	1740	29,00
99	432	480	15	86	1026	17,10	1112	18,53
126	392	440	30	427	988	16,47	1415	23,58
66	432	480	12	312	990	16,50	1302	21,70
93	422	500	20	1500	1035	17,25	2535	42,25
164	390	435	16	1200	1005	16,75	2205	36,75
194	486	397	24	150	1101	18,35	1251	20,85
123	390	450	23	34	986	16,43	1020	17,00
130	394	456	20	0	1000	16,67	1000	16,67
134	380	460	24	525	998	16,63	1523	25,38
120	360	430	25	1200	935	15,58	2135	35,58
145	422	478	22	43	1067	17,78	1110	18,50

121	362	418	20	50	921	15,35	971	16,18
144	370	410	30	270	954	15,90	1224	20,40
50	400	460	28	1300	938	15,63	2238	37,30
97	420	500	17	120	1034	17,23	1154	19,23
80	390	450	22	150	942	15,70	1092	18,20
110	370	490	26	67	996	16,60	1063	17,72
144	370	434	13	460	961	16,02	1421	23,68
120	410	460	19	0	1009	16,82	1009	16,82
57	330	362	14	0	763	12,72	763	12,72
85	370	410	12	0	877	14,62	877	14,62
111	300	335	8	0	754	12,57	754	12,57
89	290	330	9	0	718	11,97	718	11,97
83	300	340	11	34	734	12,23	768	12,80
62	400	445	13	37	920	15,33	957	15,95
86	368	428	15	110	897	14,95	1007	16,78
77	300	330	14	488	721	12,02	1209	20,15
110	280	330	11	145	731	12,18	876	14,60
82	316	347	10	20	755	12,58	775	12,92
72	311	409	16	240	808	13,47	1048	17,47
74	295	355	18	170	742	12,37	912	15,20
164	390	435	16	1200	1005	16,75	2205	36,75
194	486	397	24	150	1101	18,35	1251	20,85
190	422	478	23	0	1113	18,55	1113	18,55
100	410	490	20	0	1020	17,00	1020	17,00
93	400	500	24	525	1017	16,95	1542	25,70
104	368	412	22	470	906	15,10	1376	22,93
121	350	422	19	510	912	15,20	1422	23,70

Amélioration du cycle de production en appliquant la démarche Six Sigma à la mine de Draa Sfar Nord

144	400	440	21	500	1005	16,75	1505	25,08
150	450	511	25	320	1136	18,93	1456	24,27
190	360	451	20	270	1021	17,02	1291	21,52
97	510	590	17	120	1214	20,23	1334	22,23
93	420	455	22	105	990	16,50	1095	18,25
100	380	430	21	540	931	15,52	1471	24,52
97	420	490	18	150	1025	17,08	1175	19,58
100	312	408	20	0	840	14,00	840	14,00
Moyenne 117,02	386,79	437,23	19,96	328,81	961,00	16,02	1289,81	**21,50**
Ecart type à court terme			**6 min 40 s**					
Ecart type à long terme			**7min 4 s**					

Le suivi de l'opérateur de déblayage stérile vers le stock :

Déblayage stérile vers le stock						
Aller(s)	Chargement(s)	Retour(s)	Déchargement(s)	Arrêts(s)	Total de cycle(s)	total avec arrêt(s)
61	28	82	22	0	193	301,69
62	32	95	24	0	213	321,69
58	48	94	20	280	220	328,69
64	58	88	19	223	229	337,69
60	62	85	21	36	228	336,69
57	70	90	24	1200	241	349,69
56	80	97	22	0	255	363,69
59	78	96	20	0	253	361,69
81	83	95	18	0	277	385,69
75	71	96	25	0	267	375,69
67	113	91	20	0	291	399,69
74	69	84	18	0	245	353,69

53	140	84	23	0	300	408,69
67	123	79	18	0	287	395,69
70	205	86	21	0	382	490,69
69	176	83	21	0	349	457,69
83	20	76	18	60	197	246,05
100	17	93	18	420	228	277,05
75	52	90	16	50	233	282,05
89	40	88	16	140	233	282,05
59	46	95	17	360	217	266,05
70	47	92	17	0	226	275,05
77	62	100	40	0	279	328,05
72	70	91	25	0	258	307,05
75	70	94	21	0	260	309,05
67	74	97	16	0	254	303,05
70	60	93	19	0	242	291,05
67	72	94	17	0	250	299,05
70	86	92	18	0	266	315,05
72	62	80	22	0	236	285,05
72	91	104	20	0	287	336,05
74	62	99	20	0	255	304,05
76	118	100	20	0	314	363,05
73	135	117	21	0	346	395,05
78	139	88	15	0	320	369,05
74	155	98	13	0	340	389,05
70	142	87	12	0	311	360,05
81	19	97	21	420	218	571,85
118	62	94	18	660	292	645,85

79	24	91	16	180	210	563,85
82	40	95	19	2040	236	589,85
79	35	96	23	180	233	586,85
76	62	95	14	68	247	600,85
75	20	92	25	300	212	565,85
74	52	105	22	480	253	606,85
79	25	107	21	92	232	585,85
98	30	102	25	180	255	608,85
85	51	103	14	0	253	606,85
70	33	98	21	0	222	575,85
105	24	110	22	0	261	614,85
99	10	99	10	259	218	271,79
145	68	106	14	360	333	386,79
101	17	115	13	13	246	299,79
91	27	113	19	150	250	303,79
92	23	116	28	240	259	312,79
86	60	118	14	0	278	331,79
84	41	114	23	0	262	315,79
85	46	117	23	0	271	324,79
104	66	117	22	0	309	362,79
91	27	108	21	0	247	300,79
88	60	117	30	0	295	348,79
82	33	119	31	0	265	318,79
92	70	125	33	0	320	373,79
93	67	120	26	0	306	359,79
88	71	127	20	0	306	359,79
88	69	122	21	0	300	353,79

Amélioration du cycle de production en appliquant la démarche Six Sigma à la mine de Draa Sfar Nord

60	100	120	13	0	293	346,79
98	22	122	30	0	272	325,79
95	130	235	21	0	481	534,79
80	53	104	20	120	257	304,79
82	55	100	22	20	259	306,79
77	56	110	21	150	264	311,79
81	60	106	27	325	274	321,79
83	55	111	28	70	277	324,79
70	52	100	30	223	252	299,79
79	54	105	22	0	260	307,79
66	50	92	29	0	237	284,79
81	56	100	25	0	262	309,79
88	55	103	20	0	266	313,79
90	51	110	22	0	273	320,79
78	50	116	20	0	264	311,79
82	51	92	24	0	249	296,79
100	46	101	19	0	266	313,79
79	20	98	16	0	213	260,79
77	62	102	18	0	259	306,79
75	49	104	36	0	264	311,79
64	71	105	35	0	275	322,79
70	42	105	23	0	240	287,79
Moyenne(s) 79,10	62,82	101,95	21,22	105,67	265,09	**370,76**

Ecart-type à court terme(s)	**50**
Ecart-type à long terme(s)	**104**

Suivi de remblayage

Aller(s)	Chargement(s)	Retour(s)	Déchargement(s)	Arrêt(s)	Cycle(s)
90	28	110	13	75	316
94	62	106	10	93	365
102	62	106	22		292
109	60	110	16		295
103	42	110	18		273
120	82	110	25	20	357
104	35	113	21		273
105	56	104	15		280
129	125	116	18		388
123	90	112	14		339
120	50	120	11	30	331
102	240	110	27	27	506
110	138	170	15	15	448
118	150	110	14	14	406
123	145	107	11	11	397
120	152	131	20	26	449
120	143	126	13	13	415
150	145	120	20	20	455
75	116	96	20	70	377
71	30	82	14	108	305
72	34	85	12	60	263
72	42	79	13	50	256
72	46	98	9	80	305
121	110	92	15	100	438
120	109	92	10	20	351
100	56	104	16	50	326
90	58	100	23	75	346
104	42	119	24	51	340
95	31	121	18	15	280
85	32	130	12	45	304
100	31	105	20	20	276
moyenne(s) 103,84	82	109,48	16,42	45,33	**346,84**
Ecart type à court terme			**47,5 s**		
Ecart type à long terme			**1 min 6 s**		

Annexe B :

Brainstorming (Remue-méninges)

Objectif

Sur un thème donné, produire un maximum d'idées en un minimum de temps, dans des conditions agréables.

Enjeux

- Sélectionner un sujet
- Rechercher des causes
- Rechercher des solutions
- Etc.

Principe

Le brainstorming, appelé aussi «remue-méninges» ou «tempête dans le cerveau» est un outil de créativité, qui se pratique dans le cadre d'un groupe de travail. Sur un thème donné, le brainstorming se déroule en respectant des règles :

- tout dire (variété, diversité);
- en dire le plus possible (la quantité prime sur la qualité);
- piller les idées des autres (analogies, variantes, oppositions, contraires...);
- ne pas commenter, ne pas censurer, ne pas critiquer les idées émises;
- participer dans la bonne humeur.

Étapes de mise en application

> **Préparation**

Choisir le thème.
Constituer le groupe de travail.

> **Application**

- Présenter le thème :

  o écrire le thème;
  o expliquer le thème.

- Rappeler les règles du brainstorming : pour garantir la réussite. Fixer un objectif, par exemple : 100 idées en 30 minutes.
- Laisser les participants du groupe de travail réfléchir individuellement sur le thème pendant environ 5 à 10 minutes.
- Produire les idées :

  o si possible, les exprimer par un sujet, un verbe et un complément;
  o pas d'ordre dans la prise de parole (veiller toutefois à ce que tout le monde participe);
  o noter les idées émises (sur une note repositionnable de préférence);
  o numéroter chaque idée.

- Exploiter les idées émises (lorsque l'objectif est atteint) :

- o relire chaque idée et la commenter si nécessaire (commentaire de l'émetteur);
- o souligner les mots clés;
- o rejeter les idées hors sujet;
- o regrouper les idées de même nature;
- o classer les idées par sous thèmes.

Valorisation et suivi

Veiller au respect des règles.
Utiliser des outils complémentaires pour sélectionner une ou plusieurs idées parmi toutes celles émises : Vote pondéré par exemple

Méthode chronométrage
Objectif

Déterminer les temps unitaires de production d'un article.

Enjeux

- Vérifier la cohérence du temps vendu (devis) avec la réalité.
- Calculer et valoriser la charge de travail.
- Planifier les productions.
- Respecter les délais.
- Évaluer le temps des différentes opérations (VA, non VA, fréquentielles…).

Principe

- Le temps de réalisation d'un travail correspond à la somme des durées de chacune de ses opérations. Les opérations sont systématiques (effectuées à chaque cycle de réalisation) ou fréquentielles (effectuées selon une fréquence déterminée) Le temps de réalisation d'une opération dépend de sa nature et de l'allure à laquelle elle est effectuée (jugement d'allure : JA) :
-
- • Le jugement d'allure normal est 100.
- • Le jugement d'allure est inférieur à 100 si l'opération est réalisée plus lentement que la normale.
- • Le jugement d'allure est supérieur à 100 si l'opération est réalisée plus rapidement que la normale.
- Le délai de réalisation d'un travail est déterminé en fonction de la durée de ses opérations et d'un coefficient de repos accordé aux ressources engagées.

Étapes de mise en application

> **Préparation**

- Observer le processus à chronométrer :

    - o caractériser le processus;
    - o réaliser son logigramme.

- Préparer la prise des temps et préparer la fiche de relevés :

- o définir le début et la fin de chaque opération;
- o identifier les opérations fréquentielles (approvisionnements, évacuations, préparations…).

➢ **Application**

- Informer l'acteur du processus étudié :

  - o présenter l'objectif de l'étude;
  - o présenter les enjeux de l'étude;
  - o expliquer l'importance de respecter la même gestuelle à chaque cycle;
  - o préciser que le but de l'étude n'est pas de mesurer la performance de l'acteur, mais celle du processus;
  - o demander de travailler au rythme habituel;

- Prendre les temps et affecter les jugements d'allure. Renseigner une fiche de relevés :

  - o directement pendant l'observation;
  - o en filmant le processus dans un premier temps et en le visionnant dans un second temps.

| La période d'observation doit porter sur un nombre de cycles statistiquement représentatif. |

- Analyser les temps relevés :

  - o dans un premier temps :

    - ▪ calculer le temps unitaire instantané de chaque opération de production;
    - ▪ calculer le temps unitaire de chaque opération fréquentielle;
    - ▪ calculer le temps unitaire global du processus (temps des opérations de production + temps des opérations fréquentielles), avec et sans coefficient de repos.

  - o dans un second temps :

    - ▪ supprimer les opérations qui n'apportent pas de valeur ajoutée (VA) et qui sont inutiles;
    - ▪ optimiser les opérations qui n'apportent pas de valeur ajoutée mais qui sont indispensables;
    - ▪ optimiser les opérations qui apportent de la valeur ajoutée.
    - ▪ Mettre en application les actions décidées précédemment.
    - ▪ Prendre les temps du processus modifié et les analyser.
    - ▪ Calculer les nouveaux temps unitaires. Vérifier s'ils correspondent aux attentes.
    - ▪ Officialiser le nouveau processus.
    - ▪ Mettre à jour la gamme

Valorisation et suivi :

Suivre l'efficience du processus afin de détecter toute dérive.

METHODE D'ISHIKAWA 5M

Objectif

Classer par famille les causes d'un effet observé.

Enjeux

- Rechercher les causes d'un effet.
- Structurer la vision des causes d'un effet.
- Faciliter la recherche de solutions.

Principe

- Le diagramme d'Ishikawa (appelé aussi diagramme cause/effet ou arête de poisson) se pratique en groupe de travail.
- Il consiste à classer par famille les causes susceptibles d'être à l'origine d'un problème afin de rechercher des solutions pertinentes.

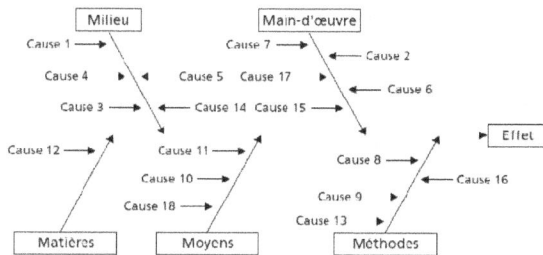

Étapes de mise en application

❖ **Préparation :**

Choisir l'effet sur lequel le groupe souhaite travailler.

❖ **Application :**

1- Tracer une flèche horizontale.
2- Noter l'effet au bout de la pointe de la flèche.
3- Définir les familles des causes.

Par exemple, les 5M :

- main-d'œuvre;
- méthodes;
- milieu;
- moyens;
- matières.

4- Tracer pour chacune des familles de causes une flèche qui rejoint le corps de la flèche horizontale.
5- Rechercher les causes qui sont à l'origine de l'effet en utilisant : brainstorming ou 5 pourquoi?
6- Classer les causes identifiées dans le diagramme.

Valorisation et suivi

Poursuivre le travail de groupe afin d'identifier parmi toutes les causes listées et classées celles qui semblent être les plus importantes.

Pareto

Objectif :

Déterminer l'importance relative de critères par ordre décroissant d'importance.

Critères : Problèmes survenus, causes d'arrêts machine, écarts…

Enjeux :

- ✓ Faire ressortir ce qui paraît important et ce qui l'est moins.
- ✓ Engager une réflexion efficace et performante en fonction de priorités.

Principe :

- ✓ Classer dans un ordre décroissant d'importance les critères d'une liste à l'origine d'un effet (lorsqu'il est possible de mesurer leur valeur).
- ✓ Vérifier ensuite que 20 % des critères sont à l'origine de 80 % de l'effet.
- ✓ Le diagramme de Pareto est aussi appelé règle des 20/80 et courbe ABC.
- ✓ Environ 20 % des critères représentent environ 80 % de l'effet.

Étapes de mise en application :

- ❖ **Préparation**
  - ✓ Établir la liste des critères à hiérarchiser en mettant en œuvre des outils adaptés.

- ❖ **Application**
  - ✓ Noter la fréquence de chaque critère.
  - ✓ Classer les critères dans le sens décroissant en fonction de leur fréquence.
  - ✓ Calculer la fréquence en pourcentage de chaque critère.
  - ✓ Calculer la somme des fréquences de l'ensemble des critères.
  - ✓ Calculer la fréquence cumulée des critères.
  - ✓ Calculer la fréquence en pourcentage cumulée.
  - ✓ Tracer le graphique.

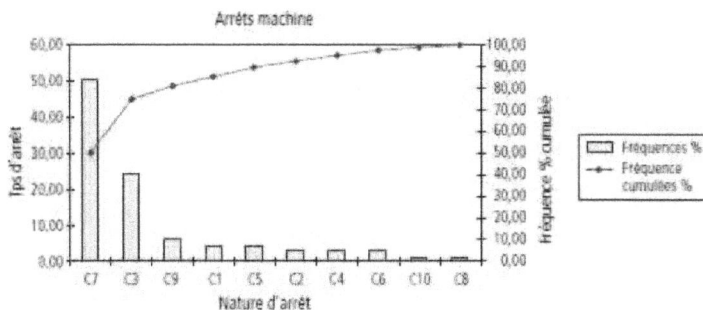

Arrêts machine

Valorisation et suivi

Retenir les critères les plus importants. En règle générale, 20 % des critères représentent 80 % de l'effet global

Loi Normale :

En théorie des probabilités et en statistique, la **loi normale** est l'une des lois de probabilité les plus adaptées pour modéliser des phénomènes naturels issus de plusieurs événements aléatoires. Elle est également appelée **loi gaussienne**, **loi de Gauss** ou **loi de Laplace-Gauss** des noms de Laplace (1749-1827) et Gauss (1777-1855), deux mathématiciens, astronomes et physiciens qui l'ont étudiée.

Plus formellement, c'est une loi de probabilité absolument continue qui dépend de deux paramètres : son espérance, un nombre réel noté μ, et son écart type, un nombre réel positif noté σ. La densité de probabilité de la loi normale est donnée par :

$$f(x) = \frac{1}{\sigma\sqrt{2\pi}} e^{-\frac{1}{2}\left(\frac{x-\mu}{\sigma}\right)^2}.$$

La courbe de cette densité est appelée courbe de Gauss ou courbe en cloche, entre autres. C'est la représentation la plus connue de cette loi. La loi normale de moyenne nulle et d'écart type unitaire est appelée loi normale centrée réduite ou loi normale standard.

Annexe C :

Généralité sur Six Sigma :

Les bases de 6 sigma ont été posées dans les années 1980 par les ingénieurs de Motorola. Il s'agissait en premier lieu de l'extension de l'usage des statistiques et notamment de maîtrise statistique des procédés. La méthode s'est ensuite étoffée en intégrant la notion de maîtrise et réduction de la variabilité des processus.

Par la suite, des éléments de nature stratégiques et managériales sont venus compléter la méthode.

Aujourd'hui, 6 Sigma est devenu une véritable culture d'entreprise ayant pour objectif prioritaire l'amélioration de la satisfaction des clients.

La méthode est reconnue et appréciée des grandes entreprises et nombre d'entres elles ont adopté la méthode au cours de la dernière décennie, notamment :

1993-1994 : ABB

1994 -1996 : Allied signal, General Electric

1996-1997 : Bombardier, Nokia

1997-1999: Caterpillar, Loockeed Martin, Sony, Polaroid, Dow, Dupont, AMEX, Toshiba, Ford…

De nos jours, de très nombreuses entreprises utilisent la méthode 6 sigma. Elles ont commencé à utiliser cette méthode en général dans le secteur de la qualité et la démarche ayant porté ses fruits, de nombreuses entreprises ont décidé d'étendre la méthode à l'ensemble de leurs unités.

Chez Caterpillar, 6 sigma est devenue une véritable politique d'entreprise et le groupe entier adhère à cette stratégie.

Six sigma est donc devenue une approche globale au sein de l'entreprise. On peut décliner la méthode sous plusieurs aspects.

Six sigma, c'est :

- une philosophie qui vise la satisfaction maximale du client et la réduction de la variabilité des processus
- une méthode de résolution de problème et de conduite de projet efficace
- un indicateur permettant d'évaluer la performance de l'entreprise en matière de qualité
- une organisation des responsabilités au sein de l'entreprise et des compétences de chacun
- un management basé sur la gestion de projet

Six sigma et la réduction de la variabilité

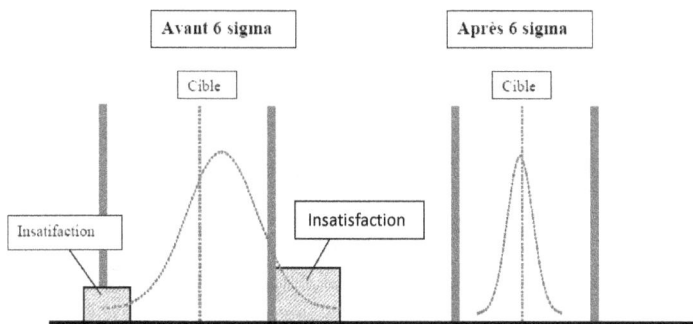

Ce schéma illustre l'objectif sur lequel toute la démarche 6 sigma est basée : **la réduction de la variabilité.**

La variabilité est un ennemi de la qualité. En effet, plus un processus, quel qu'il soit, est sujet à des variations, plus le résultat obtenu est variable lui aussi. En partant de ce principe il devient évident qu'un processus stable avec une faible variabilité et une valeur cible centrée permet l'obtention d'une qualité supérieure et donc d'une satisfaction client plus importante.

Tableau présentant le pourcentage de satisfaction du besoin et le nombre de défauts par million en fonction du sigma

Performance	% de produits satisfaisant les besoins du client	Défauts par <u>million</u> d'opportunités
2 Sigma	69,146 %	308 538
4 Sigma	99,379 %	6210
6 Sigma	99,9996 %	3,4

La méthodologie 6 sigma : DMAIC

La démarche 6 sigma est basée sur 5 étapes principales :
Définir, Mesurer, Analyser, Améliorer (Innover) et Contrôler.
Voici une brève description des objectifs de chacune des étapes :

Définir	Mesurer	Analyser	Améliorer Innover	Contrôler
•Identifier et valider une opportunité d'amélioration. •Décrire les processus •Définir les besoins fondamentaux du client •Se préparer à former une équipe de projet efficace.	•Déterminer les indicateurs pour évaluer la satisfaction des besoins fondamentaux du client •Définir une méthode pour collecter les données nécessaires à la mesure de la performance du processus. •Comprendre le calcul 6 Sigma et établir le Sigma de référence du process analysé par l'équipe.	•Stratifier et analyser l'opportunité pour déterminer précisément le problème et pour énoncer clairement et simplement le problème. •Identifier et valider les causes de dysfonctionnement permettant l'élimination des causes profondes et donc le problème ciblé par l'équipe.	•Identifier, évaluer et sélectionner les meilleures solutions d'amélioration. •Elaborer un plan pour gérer le changement et pour aider l'organisation à s'adapter aux changements découlant de la mise en œuvre des solutions.	•Comprendre l'importance de la planification et de l'exécution du plan. •Déterminer la démarche à entreprendre pour assurer la réalisation des résultats prévus. •Comprendre comment transmettre les leçons apprises, déterminer les opportunités de réplication et élaborer des plans en conséquence.

L'utilisation d'outils statistiques dans la méthode DMAIC est essentielle. A chaque étape,
plusieurs outils sont nécessaires et contribuent au succès de l'étape.

Voici un récapitulatif de la méthode rappelant les objectifs de chaque étape, les résultats attendus et les outils utilisés.

Etapes	Objectifs/Taches	Résultats attendus	Outils principaux
Définir	Définir le projet : -Les gains attendus -Le périmètre du projet -Les responsabilités	Charte du projet Cartographie générale Planning et affectation des ressources	QQOQCP Benchmarking SIPOC
Mesurer	-Définir les moyens de mesure -Mesurer les variables -Collecter les données	Cartographie détaillée du processus Capabilité des moyens et du processus	Analyse processus Diagramme Ishikawa Matrice Causes-Effets Maîtrise Stat. Des procédés
Analyser	-Etablir les relations entre les variables d'entrée et de sortie du processus	Compréhension du processus Preuves statistiques	Statistique descriptive Nuages de points Plans d'expériences
Innover / Améliorer	-Imaginer les solutions -Sélectionner les pistes d'améliorations prometteuses	Processus pilote Détermination des caractéristiques à mettre sous contrôle	Plans d'expériences AMDEC Vote pondéré
Contrôler	-Mettre la solution retenue sous contrôle -Formaliser le processus	Rédaction des modes opératoires Carte de contrôle Indicateurs de performance	Maîtrise statistique des procédés Auto maîtrise

Annexe D :

Visual Basic for Applications :

Visual Basic for Applications (**VBA**) est une implémentation de Microsoft Visual Basic qui est intégrée dans toutes les applications de Microsoft Office, dans quelques autres applications Microsoft comme Visio et au moins partiellement dans quelques autres applications comme Auto CAD, WordPerfect,MicroStation,Solidworks ou encore ArcGIS. Il remplace et étend les capacités des langages macro spécifiques aux plus anciennes applications comme le langage Word Basic intégré à une ancienne version du logiciel Word, et peut être utilisé pour contrôler la quasi-totalité de l'IHM des *applications hôtes*, ce qui inclut la possibilité de manipuler les fonctionnalités de l'interface utilisateur comme les menus, les barres d'outils et le fait de pouvoir personnaliser les boîtes de dialogue et les formulaires utilisateurs.

Comme son nom l'indique, VBA est très lié à Visual Basic (les syntaxes et concepts des deux langages se ressemblent), mais ne peut normalement qu'exécuter du code dans une *application hôte* Microsoft Office (et non pas d'une application autonome, il requiert donc une licence de la suite bureautique Microsoft). Il peut cependant être utilisé pour contrôler une application à partir d'une autre (par exemple, créer automatiquement un document Word à partir de données Excel). Le code ainsi exécuté est stocké dans des instances de documents, on l'appelle également macros.

VBA est fonctionnellement riche et extrêmement flexible, mais il possède d'importantes limitations, comme son support limité des fonctions de rappel (*callbacks*), ainsi qu'une gestion des erreurs archaïque, utilisation de Handler d'erreurs en lieu et place d'un mécanisme d'exceptions.

Le langage de l'application réalisée par VBA :

```
Private Sub CommandButton13_Click()

'le bouton valider

'Foration

'L1

    Set myRange = Worksheets("Aceuil").Range("H8")

    UserForm2.TextBox1.Text = Round(Application.WorksheetFunction.Sum(myRange), 2)

    Set myRange = Worksheets("Aceuil").Range("I8")

    UserForm2.TextBox2.Text = Round(Application.WorksheetFunction.Sum(myRange), 2)

    Set myRange = Worksheets("Aceuil").Range("K8")

    UserForm2.TextBox3.Text = Round(Application.WorksheetFunction.Sum(myRange), 2)
```

```
Set myRange = Worksheets("Aceuil").Range("J8")

UserForm2.TextBox4.Text = Round(Application.WorksheetFunction.Sum(myRange), 2)

Set myRange = Worksheets("Aceuil").Range("L8")

UserForm2.TextBox92.Text = Round(Application.WorksheetFunction.Sum(myRange), 0)


'L2

Set myRange = Worksheets("Aceuil").Range("H9")

UserForm2.TextBox7.Text = Round(Application.WorksheetFunction.Sum(myRange), 2)

Set myRange = Worksheets("Aceuil").Range("I9")

UserForm2.TextBox8.Text = Round(Application.WorksheetFunction.Sum(myRange), 2)

Set myRange = Worksheets("Aceuil").Range("K9")

UserForm2.TextBox9.Text = Round(Application.WorksheetFunction.Sum(myRange), 2)

Set myRange = Worksheets("Aceuil").Range("J9")

UserForm2.TextBox10.Text = Round(Application.WorksheetFunction.Sum(myRange), 2)


Set myRange = Worksheets("Aceuil").Range("L9")

UserForm2.TextBox97.Text = Round(Application.WorksheetFunction.Sum(myRange), 0)


'L3

Set myRange = Worksheets("Aceuil").Range("H10")

UserForm2.TextBox13.Text = Round(Application.WorksheetFunction.Sum(myRange), 2)

Set myRange = Worksheets("Aceuil").Range("I10")

UserForm2.TextBox14.Text = Round(Application.WorksheetFunction.Sum(myRange), 2)

Set myRange = Worksheets("Aceuil").Range("K10")

UserForm2.TextBox15.Text = Round(Application.WorksheetFunction.Sum(myRange), 2)

Set myRange = Worksheets("Aceuil").Range("J10")

UserForm2.TextBox16.Text = Round(Application.WorksheetFunction.Sum(myRange), 2)


Set myRange = Worksheets("Aceuil").Range("L10")

UserForm2.TextBox102.Text = Round(Application.WorksheetFunction.Sum(myRange), 0)
```

' Soutènement

```
Set myRange = Worksheets("Aceuil").Range("AB8")

UserForm2.TextBox37.Text = Round(Application.WorksheetFunction.Sum(myRange), 2)

Set myRange = Worksheets("Aceuil").Range("AC8")

UserForm2.TextBox38.Text = Round(Application.WorksheetFunction.Sum(myRange), 2)

Set myRange = Worksheets("Aceuil").Range("AD8")

UserForm2.TextBox39.Text = Round(Application.WorksheetFunction.Sum(myRange), 0)


Set myRange = Worksheets("Aceuil").Range("AB9")

UserForm2.TextBox43.Text = Round(Application.WorksheetFunction.Sum(myRange), 2)

Set myRange = Worksheets("Aceuil").Range("AC9")

UserForm2.TextBox44.Text = Round(Application.WorksheetFunction.Sum(myRange), 2)

Set myRange = Worksheets("Aceuil").Range("AD9")

UserForm2.TextBox45.Text = Round(Application.WorksheetFunction.Sum(myRange), 0)


Set myRange = Worksheets("Aceuil").Range("AB10")

UserForm2.TextBox49.Text = Round(Application.WorksheetFunction.Sum(myRange), 2)

Set myRange = Worksheets("Aceuil").Range("AC10")

UserForm2.TextBox50.Text = Round(Application.WorksheetFunction.Sum(myRange), 2)

Set myRange = Worksheets("Aceuil").Range("AD10")

UserForm2.TextBox51.Text = Round(Application.WorksheetFunction.Sum(myRange), 0)


'Déblayage

Set myRange = Worksheets("Aceuil").Range("T8")

UserForm2.TextBox115.Text = Round(Application.WorksheetFunction.Sum(myRange), 2)

Set myRange = Worksheets("Aceuil").Range("U8")

UserForm2.TextBox116.Text = Round(Application.WorksheetFunction.Sum(myRange), 2)

Set myRange = Worksheets("Aceuil").Range("V8")

UserForm2.TextBox117.Text = Round(Application.WorksheetFunction.Sum(myRange), 0)


Set myRange = Worksheets("Aceuil").Range("T9")
```

```
UserForm2.TextBox118.Text = Round(Application.WorksheetFunction.Sum(myRange),

2) Set myRange = Worksheets("Aceuil").Range("U9")

UserForm2.TextBox119.Text = Round(Application.WorksheetFunction.Sum(myRange),

2) Set myRange = Worksheets("Aceuil").Range("V9")

UserForm2.TextBox120.Text = Round(Application.WorksheetFunction.Sum(myRange),

0)

Set myRange = Worksheets("Aceuil").Range("T10")

UserForm2.TextBox121.Text = Round(Application.WorksheetFunction.Sum(myRange), 2)

Set myRange = Worksheets("Aceuil").Range("U10")

UserForm2.TextBox122.Text = Round(Application.WorksheetFunction.Sum(myRange), 2)

Set myRange = Worksheets("Aceuil").Range("V10")

UserForm2.TextBox123.Text = Round(Application.WorksheetFunction.Sum(myRange), 0)


'Remblayage

Set myRange = Worksheets("Aceuil").Range("Y8")

UserForm2.TextBox124.Text = Round(Application.WorksheetFunction.Sum(myRange), 2)

Set myRange = Worksheets("Aceuil").Range("Z8")

UserForm2.TextBox125.Text = Round(Application.WorksheetFunction.Sum(myRange), 2)

Set myRange = Worksheets("Aceuil").Range("AA8")

UserForm2.TextBox126.Text = Round(Application.WorksheetFunction.Sum(myRange), 0)


Set myRange = Worksheets("Aceuil").Range("Y9")

UserForm2.TextBox127.Text = Round(Application.WorksheetFunction.Sum(myRange), 2)

Set myRange = Worksheets("Aceuil").Range("Z9")

UserForm2.TextBox128.Text = Round(Application.WorksheetFunction.Sum(myRange), 2)

Set myRange = Worksheets("Aceuil").Range("AA9")

UserForm2.TextBox129.Text = Round(Application.WorksheetFunction.Sum(myRange), 0)


Set myRange = Worksheets("Aceuil").Range("Y10")

UserForm2.TextBox130.Text = Round(Application.WorksheetFunction.Sum(myRange), 2)

Set myRange = Worksheets("Aceuil").Range("Z10")
```

```
UserForm2.TextBox131.Text = Round(Application.WorksheetFunction.Sum(myRange),
Set myRange = Worksheets("Aceuil").Range("AA10")
2)
UserForm2.TextBox132.Text = Round(Application.WorksheetFunction.Sum(myRange), 0)


'Planifié #Réalisé

    Set myRange = Worksheets("Aceuil").Range("D27")

    UserForm2.TextBox139.Text = Round(Application.WorksheetFunction.Sum(myRange), 0)

    Set myRange = Worksheets("Aceuil").Range("D28")

    UserForm2.TextBox141.Text = Round(Application.WorksheetFunction.Sum(myRange), 0)

    Set myRange = Worksheets("Aceuil").Range("D29")

    UserForm2.TextBox143.Text = Round(Application.WorksheetFunction.Sum(myRange), 0)

    Set myRange = Worksheets("Aceuil").Range("E27")

    UserForm2.TextBox140.Text = Round(Application.WorksheetFunction.Sum(myRange), 2)

    Set myRange = Worksheets("Aceuil").Range("E28")

    UserForm2.TextBox142.Text = Round(Application.WorksheetFunction.Sum(myRange), 2)

    Set myRange = Worksheets("Aceuil").Range("E29")

    UserForm2.TextBox144.Text = Round(Application.WorksheetFunction.Sum(myRange), 2)


    Set myRange = Worksheets("Aceuil").Range("E27")

    a1 = Application.WorksheetFunction.Sum(myRange)

    Set myRange = Worksheets("Aceuil").Range("D27")

    b1 = Round(Application.WorksheetFunction.Sum(myRange), 0)

    Set myRange = Worksheets("Aceuil").Range("E28")

    A2 = Application.WorksheetFunction.Sum(myRange)

    Set myRange = Worksheets("Aceuil").Range("D28")

    b2 = Round(Application.WorksheetFunction.Sum(myRange), 0)

    Set myRange = Worksheets("Aceuil").Range("E29")

    a3 = Round(Application.WorksheetFunction.Sum(myRange), 0)

    Set myRange = Worksheets("Aceuil").Range("D29")

    b3 = Application.WorksheetFunction.Sum(myRange)

    UserForm2.TextBox146.Value = Round((a1 * b1) + (A2 * b2) + (a3 * b3), 2)
```

114

```
UserForm2.TextBox147.Value = UserForm1.TextBox132.Value

Me.Hide

UserForm2.Show

End Sub

Private Sub CommandButton14_Click()

Worksheets("Aceuil").Activate

Range("X8").Select

ActiveCell.Value = TextBox116.Value

Range("W8").Select

ActiveCell.Value = ComboBox7.Value

Worksheets("entrées").Activate

End Sub

Private Sub CommandButton15_Click()

Worksheets("Aceuil").Activate

Range("X9").Select

ActiveCell.Value = TextBox117.Value

Range("W9").Select

ActiveCell.Value = ComboBox8.Value

Worksheets("entrées").Activate

End Sub

Private Sub CommandButton16_Click()

Worksheets("Aceuil").Activate

Range("X10").Select

ActiveCell.Value = TextBox118.Value

Range("W10").Select

ActiveCell.Value = ComboBox9.Value

Worksheets("entrées").Activate

End Sub

Private Sub CommandButton17_Click()

Worksheets("déblayage").Activate
```

```
Range("G5").Select
ActiveCell.Value = TextBox75.Value
Range("G7").Select
ActiveCell.Value = TextBox81.Value
Range("H5").Select
ActiveCell.Value = TextBox76.Value
Range("H7").Select
ActiveCell.Value = TextBox82.Value
Range("F5").Select
ActiveCell.Value = TextBox77.Value
Range("F7").Select
ActiveCell.Value = TextBox83.Value
Worksheets("entrées").Activate
End Sub


Private Sub CommandButton18_Click()
    Worksheets("Remblayage").Activate
    Range("G6").Select
    ActiveCell.Value = TextBox121.Value
    Range("G8").Select
    ActiveCell.Value = TextBox124.Value
    Range("H6").Select
    ActiveCell.Value = TextBox119.Value
    Range("H8").Select
    ActiveCell.Value = TextBox122.Value
    Range("I6").Select
    ActiveCell.Value = TextBox120.Value
    Range("I8").Select
    ActiveCell.Value = TextBox123.Value
    Range("J6").Select
    ActiveCell.Value = TextBox126.Value
```

```
Range("J8").Select

ActiveCell.Value = TextBox125.Value

Worksheets("entrées").Activate

End Sub


Private Sub CommandButton19_Click()

Me.Hide

UserForm3.Show

End Sub


Private Sub CommandButton20_Click()

Me.Hide

End Sub


Private Sub CommandButton21_Click()

Set myRange = Worksheets("CpPp").Range("A1:A200")

'Private Sub CommandButton21_Click()

'    Dim I As Integer

'    Worksheets("CpPp").Activate

I = 1

Do

    ActiveCell.Offset(I, 0).Select

    ActiveCell.Value = (Val(TextBox127.Value) + Val(TextBox128.Value) + Val(TextBox129.Value))

    I = I + 1

Loop Until ActiveCell.Offset(I, 0) = ""


Worksheets("CpPp").Activate

End Sub


Private Sub CommandButton4_Click()

    Worksheets("soutènement").Activate
```

```
Range("E10").Select
ActiveCell.Value = TextBox37.Value
Range("E11").Select
ActiveCell.Value = TextBox38.Value
Range("E12").Select
ActiveCell.Value = TextBox39.Value
Worksheets("entrées").Activate
End Sub


Private Sub CommandButton5_Click()
Worksheets("soutènement").Activate
Range("F10").Select
ActiveCell.Value = TextBox37.Value
Range("F11").Select
ActiveCell.Value = TextBox38.Value
Range("F12").Select
ActiveCell.Value = TextBox39.Value
Worksheets("entrées").Activate
End Sub


Private Sub CommandButton6_Click()
Worksheets("soutènement").Activate
Range("G10").Select
ActiveCell.Value = TextBox37.Value
Range("G11").Select
ActiveCell.Value = TextBox38.Value
Range("G12").Select
ActiveCell.Value = TextBox39.Value
Worksheets("entrées").Activate
End Sub
```

```
Private Sub CommandButton7_Click()


    Worksheets("Aceuil").Activate

    Range("S8").Select

    ActiveCell.Value = TextBox74.Value

    Range("R8").Select

    ActiveCell.Value = ComboBox4.Value

    Worksheets("entrées").Activate
End Sub


Private Sub CommandButton8_Click()


    Worksheets("Aceuil").Activate

    Range("S9").Select

    ActiveCell.Value = TextBox80.Value

    Range("R9").Select

    ActiveCell.Value = ComboBox5.Value
Worksheets("entrées").Activate
End Sub


Private Sub CommandButton9_Click()


    Worksheets("Aceuil").Activate

    Range("S10").Select

    ActiveCell.Value = TextBox86.Value

    Range("R10").Select

    ActiveCell.Value = ComboBox6.Value
Worksheets("entrées").Activate
End Sub
```

```
Private Sub MultiPage1_Change()
End Sub


Private Sub SpinButton1_Change()
TextBox1.Value = SpinButton1.Value
End Sub


Private Sub SpinButton2_Change()
TextBox13.Value = SpinButton2.Value
End Sub


Private Sub SpinButton3_Change()
TextBox7.Value = SpinButton3.Value
End Sub


Private Sub TextBox130_change()
TextBox132.Value = (Val(TextBox130.Value) + Val(TextBox135.Value) + Val(TextBox136.Value))
End Sub


Private Sub TextBox135_change()
TextBox132.Value = (Val(TextBox130.Value) + Val(TextBox135.Value) + Val(TextBox136.Value))
End Sub


Private Sub TextBox136_change()
TextBox132.Value = (Val(TextBox130.Value) + Val(TextBox135.Value) + Val(TextBox136.Value))
 End Sub


Private Sub TextBox131_Change()
TextBox130.Value = (Val(TextBox131.Value) * Val(TextBox127.Value))
 End Sub
```

```
Private Sub TextBox134_Change()

TextBox135.Value = (Val(TextBox134.Value) * Val(TextBox128.Value))

End Sub

Private Sub TextBox133_Change()

TextBox136.Value = (Val(TextBox133.Value) * Val(TextBox129.Value))

End Sub


Private Sub UserForm_Initialize()

TextBox115.Value = Date

ComboBox1.AddItem "marteau"

ComboBox1.AddItem "jumbo"

ComboBox2.AddItem "marteau"

ComboBox2.AddItem "jumbo"

ComboBox3.AddItem "marteau"

ComboBox3.AddItem "jumbo"

ComboBox4.AddItem "Scoop 6t"

ComboBox4.AddItem "Scoop 3t"

ComboBox5.AddItem "Scoop 6t"

ComboBox5.AddItem "Scoop 3t"

ComboBox6.AddItem "Scoop 6t"

ComboBox6.AddItem "Scoop 3t"

ComboBox7.AddItem "Scoop 6t"

ComboBox7.AddItem "Scoop 3t"

ComboBox8.AddItem "Scoop 6t"

ComboBox8.AddItem "Scoop 3t"

ComboBox9.AddItem "Scoop 6t"

ComboBox9.AddItem "Scoop 3t"

End Sub


Private Sub CommandButton1_Click()

    Worksheets("foration").Activate
```

```
Range("E11").Select
ActiveCell.Value = TextBox4.Value

Worksheets("aceuil").Activate
Range("E8").Select
ActiveCell.Value = TextBox1.Value
Range("F8").Select
ActiveCell.Value = TextBox2.Value
Range("G8").Select
ActiveCell.Value = TextBox3.Value

Range ("D8").Select
ActiveCell.Value = ComboBox1.Value

Worksheets ("entrées").Activate
End Sub
Private Sub CommandButton2_Click ()
Worksheets ("foration").Activate
Range ("E12").Select
ActiveCell.Value = TextBox10.Value

Worksheets("aceuil").Activate
Range("E9").Select
ActiveCell.Value = TextBox7.Value
Range("F9").Select
ActiveCell.Value = TextBox8.Value
Range("G9").Select
ActiveCell.Value = TextBox9.Value

Range("D9").Select
ActiveCell.Value = ComboBox2.Value
```

```
    Worksheets("entrées").Activate
End Sub


Private Sub CommandButton3_Click()
    Worksheets ("foration").Activate
    Range ("E13").Select
    ActiveCell.Value = TextBox16.Value
    Worksheets ("aceuil").Activate
    Range ("E10").Select
    ActiveCell.Value = TextBox13.Value
    Range("F10").Select
    ActiveCell.Value = TextBox14.Value
    Range ("G10").Select
    ActiveCell.Value = TextBox15.Value

    Range("D10").Select
    ActiveCell.Value = ComboBox3.Value

    Worksheets ("entrées").Activate
End Sub
```

www.ingramcontent.com/pod-product-compliance
Lightning Source LLC
Chambersburg PA
CBHW021109210326
41598CB00017B/1388